Helga Fritzsche

Zwerghühner

Unterbringung, Pflege,
Fütterung, Krankheiten und Zucht.
Sonderteil: Zwerghühner als Nutztiere

Mit Farbfotos bekannter Tierfotografen
und Zeichnungen von Fritz W. Köhler

GU

Gräfe und Unzer

Umschlagfotos
Vorderseite: Federfüßiges Zwerghuhn, porzellanfarben, Hahn.
Rückseite: Oben links: Zwerg-Amrock, gestreift, Henne; oben rechts: Zwerg-Sulmtaler, Glucke mit Küken; unten links: Zwerg-Holländer-Weißhauben, Hahn (Mitte) mit zwei Hennen; unten rechts: Sebright, gold, Hahn.
Umschlagseite 2: Gemischte Hühnergesellschaft – fast alle Zwerghuhn-Rassen werden bei freundlicher Behandlung zahm.
Umschlagseite 3: Zwerg-Cochin, Hahn.

Die Fotografen:
Buchholz: Seite 10 o. l., Mitte l., u. l., U 4 o. l., u. r.; Gröger: Seite 10 Mitte r.; Kahn: U 4 o. r.; Lehmann: Seite 56 unten; Reinhard: U 2; Scherz: Seite 9 unten; Wolters: Seite 27, Seite 45, Seite 46; Wothe: U 1, Seite 9 o. l., o. r., Seite 10 o. r., u. r., Seite 28, Seite 55, Seite 56 o. l., o. r., U 3, U 4 u. l.

CIP-Kurztitelaufnahme der Deutschen Bibliothek
Fritzsche, Helga:
Zwerghühner: Unterbringung, Pflege, Fütterung, Krankheiten u. Zucht; mit Sonderteil: Zwerghühner als Nutztiere / Helga Fritzsche. Mit Farbfotos bekannter Tierfotogr. u. Zeichn. von Fritz W. Köhler.– München: Gräfe und Unzer, 1985.

ISBN 3-7742-2037-9

1. Auflage 1985

Redaktionsleitung: Hans Scherz
Lektorat: Renate Weinberger
Umschlaggestaltung: Heinz Kraxenberger

Satz und Druck des Textteils: Druckerei Wagner GmbH
Reproduktion und Druck von Farbbildern und Umschlag: Graphische Anstalt E. Wartelsteiner
Bindung: R. Oldenbourg

ISBN 3-7742-2037-9

Inhalt

Ein Wort zuvor

Zwerghühner gehören zu den ältesten Haustieren. So sollen die in Marco Polos Reisebericht erwähnten »pelzfiedrigen«, schwarzhäutigen Seidenhühner schon vor 4000 Jahren, Bantams, Chabos und Cochins vor etwa 1000 Jahren domestiziert worden sein. Neben diesen und einer Reihe anderer »Urzwerge« stehen inzwischen viele farbenprächtige Neuzüchtungen zur Wahl.
Ich besitze seit Jahren eine Zwerg-Chochin-Familie. Die drei sehr zahmen, goldfarbenen »Federbälle« lassen sich streicheln, nehmen Futter aus der Hand und kommen auf Rufen – wenn sie nicht gerade Wichtigeres vorhaben. Zum Glück braucht man kein großes Anwesen für den »familieneigenen Hühnerhof«. Schon mit einem gepflegten Auslauf von 30 bis 45 qm kommen ein Hahn und zwei Hennen aus.
Für die Haltung gibt es verschiedene Gründe. Mancher denkt vor allem an wohlschmekkende kleine »Bio-Eier«. Andere – ich zähle dazu – haben einfach Freude an den hübschen zutraulichen Tieren. Eine dritte Gruppe, meist Mitglieder von Geflügelzuchtvereinen, treibt außerdem züchterischer Ehrgeiz. Für sie gibt es in einigen Gemeinden Geflügelzuchtanlagen, Kleingartenanlagen vergleichbar. Eine gute Sache für gartenlose Mitbürger, die hoffentlich Schule macht.
55 Zwerghuhnrassen – »Urzwerge« und verzwergte Ebenbilder großer Hühnerrassen – sind in diesem Buch beschrieben; ihre recht unterschiedlichen Eigenschaften und Ansprüche sind übersichtlich dargestellt. Genaue Angaben zu Gewicht, Legeleistung, Ansprüchen bei der Unterbringung, Flughöhe, Temperament, Verhalten bei der Brut und dem Pfleger gegenüber erleichtern Ihnen die Auswahl. Mehr als 30 Farbfotos zeigen, wie hübsch Zwerghühner aussehen. Instruktive Zeichnungen, einige davon als Hilfen für »Selbermacher« gedacht, ergänzen die Information.
Natürlich finden Sie auch ausführlich beschrieben, was Sie zur artgerechten Haltung von Zwerghühnern wissen sollten: Notwendige Überlegungen vor dem Kauf, Unterbringung, Fütterung, Gesundheitsvorsorge, Behandlung von Krankheiten, Vermehrung und Zucht.
Bei allem sind viele eigene Erfahrungen ausgewertet, die ich meiner Zwerghuhnfamilie verdanke, dazu Grundwissen, das ich beim Betreuen großer Hühner auf einem Gut erwerben konnte. Aber bei der Vielfalt der Rassen hätten meine Erfahrungen allein nicht ausgereicht. Ich danke deshalb an dieser Stelle den erfahrenen Züchtern, mit denen ich Kontakt hatte und bei denen ich mich umsehen konnte, genau wie den Vorsitzenden der Sondervereine für die einzelnen Rassen, deren Auskünfte die sehr detaillierten Angaben zu jeder Rasse ermöglicht haben. Da leider nicht alle Namen unterzubringen sind, nenne ich stellvertretend E. Willig vom Zuchtbuch Bayern, R. Möckel, J. Stockhusen, W. Schmidt, Familie Kammermeier und K. H. Stadler.
Besonderen Dank schulde ich Professor Dr. J. Kösters (Institut für Geflügelkrankheiten der Universität München) für ausführliche Beratung beim Krankheitskapitel und H. Diepolder für Überlassung veterinär-medizinischer Literatur. Herzlich danken möchte ich schließlich den Fotografen, insbesondere Konrad Wothe und Josef Wolters, für die ausgezeichneten Farbfotos sowie Fritz W. Köhler für die lebendigen Zeichnungen. Und nun wünsche ich Ihnen mit den Zwerghühnern Ihrer Wahl soviel Freude, wie wir sie mit unseren Zwerg-Cochin haben.

Helga Fritzsche

Überlegungen vor der Anschaffung

Sind Zwerghühner die richtigen Haustiere für Sie?

Vor dem Kauf der Zwerghühner sollten Sie einiges überlegen, was für die Haltung eine große Rolle spielt. Die folgenden Fragen werden Ihnen dabei helfen. Nur wenn Sie alle Fragen mit Ja beantworten können und für alle Probleme eine Lösung wissen, rate ich Ihnen zur Anschaffung von Zwerghühnern.

- Wollen Sie Zwerghühner aus wirtschaftlichen Gründen halten oder einfach aus Freude am Umgang mit den Tieren? Erst wenn Sie sich darüber klar sind, können Sie eine geeignete Rasse aussuchen (→ Seite 62).
- Auch Wirtschaftstiere müssen so verantwortlich gepflegt und artgerecht gehalten werden wie »Hobbytiere«. Man wird sie aber meist schlachten und nicht im Alter von etwa 14 Jahren einen natürlichen (Alters-)Tod sterben lassen. Können Sie schlachten oder haben Sie jemanden, der das sachgemäß für Sie tun wird? Auch Nutztieren dürfen wir Angst und Schmerzen nicht zumuten (→ Seite 63)!
- Gesunde, kräftige Rassehühner bekommt man nicht umsonst. Die Höhe des Preises richtet sich nach Rasse, Farbschlag und Nachfrage. Da Hühner Gemeinschaftstiere sind, sollte die Mindestzahl ein Hahn und zwei Hennen sein.
- Den Stall können Sie mit handwerklichem Geschick selbst bauen. Für soliden Eigenbau (→ Seite 11), dauerhaft und gut isoliert, entstehen aber doch Materialkosten. Solide, langlebige Fertigställe, die in Einzelteilen verschickt werden und rasch zusammenzubauen sind (→ Seite 11), kosten wesentlich mehr. Die teuerste Ausführung ist für Zwerghühner am besten, weil sie kälteempfindlicher sind als große Hühner (→ Seite 20).
- Falls Hühner nicht im ganzen Garten laufen sollen, oder wenn das wegen des Flugtalents und der Scharrfreudigkeit der gewählten Rasse nicht möglich erscheint: Haben Sie Platz für einen Auslauf von wenigstens 45 qm an besonnter Stelle, wo sich die Tiere bei Hitze in den Schatten zurückziehen und bei Regen rasch den Stall oder einen trockenen Platz erreichen können (→ Seite 29)?
- Einzäunung und eventuell nötige Überdachung (→ Seite 17) des Auslaufs gibt es nicht fertig zu kaufen. Sie sind auf Eigenbau oder Hilfe von Bekannten angewiesen.
- Zwerghühner können nicht von Abfällen leben. Sie brauchen gemischtes Körnerfutter, Futterkalk, Spurenelemente. Im Winter kommen die Kosten dazu für das täglich notwendige Grünfutter und für Vitaminpräparate vom Tierarzt. (Ich setze voraus, daß Sie im Sommer genug Gras, Löwenzahn, Klee, Brennesseln, Sauerampfer, Salat und Kohl im Garten haben.) Wie sich die zusätzlichen Kosten im Winter niedrig halten lassen, erfahren Sie auf Seite 24.
- Haben Sie ausreichend Zeit, den Stall mindestens dreimal wöchentlich (ich mache es täglich), den Auslauf zweimal wöchentlich zu säubern? Nur so fühlen die Hühner sich wohl, werden kaum krank, und Sie bekommen keinen Ärger mit den Nachbarn wegen Geruchsbelästigung und Fliegenplage.
- Sind Sie bereit, die Kosten von ungefähr DM 10,– für die zweimal jährlich fällige Kotuntersuchung (→ Seite 29) zu tragen, bei Bedarf zum Tierarzt zu fahren, die nötigen Medikamente zu besorgen und genau nach Vorschrift zu geben?
- Hühner müssen wenigstens morgens und abends versorgt werden. Sie brauchen deshalb für jede über 8 bis 10 Stunden hinausgehende Abwesenheit eine zuverlässige Vertretung.
- Sie wissen sicher, daß zur Zeit leider Hähnen hörbares Krähen »auf dem Rechtsweg« verboten werden kann. Trauen Sie sich zu, Ihre Nachbarn im freundschaftlichen Ge-

spräch zur Zustimmung zu bewegen, damit es später keinen Ärger gibt? *Einen* Gockel hört man frühmorgens kaum, wenn der Stall entsprechend isoliert ist (→ Seite 12).

Zwerghühner und andere Haustiere

Hunde: Zwerghühner können in einem »Hundehaushalt« nur dann frei im Garten laufen, wenn diese Vierbeiner so gut erzogen sind, daß sie unbedingt gehorchen und sich als Beschützer einsetzen lassen. Sonst geht der angeborene Jagdtrieb mit ihnen durch. Geschrei und Geflatter der aufgescheuchten Federtiere regt zu weiterer Verfolgung und schlimmstenfalls zum Zubeißen an. Dann geht es nicht ohne eingefriedeten Auslauf (→ Seite 16). Hühner haben instinktiv Angst vor Hunden und müssen sich auch an freundlich gesinnte Beschützer erst gewöhnen.
Katzen: Sie machen sich einen Spaß daraus, Zwerghühner »aus dem Hinterhalt« zu erschrecken und hinter den aufgeregt Flüchtenden herzulaufen. Wirklich gefährlich werden sie ausgewachsenen Tieren nicht – sehr jagdlustige Katzen und sehr kleine Zwerghuhnrassen vielleicht ausgenommen. Mit Küken und Junghühnern bis zu einem Alter von ungefähr 3 Monaten ist das anders; sie sind wehrloser und leichter zu erbeuten als Alttiere. Obwohl Glucken todesmutig auf Katzen (und Hunde) losgehen, um ihre Kleinen zu verteidigen – Katzen sind schneller, genau wie schlecht erzogene Hunde.
Glucken mit Küken gehören deshalb auf jeden Fall in ein auch von oben gesichertes Gatter (→ Seite 17). Bei Jungtieren müssen Sie abwägen. Brütende Glucken sollten so untergebracht sein, daß sie nicht von verspielten Katzen (oder Hunden) erschreckt oder vom Nest getrieben werden können, um nicht die ganze Brut in Frage zu stellen.
Meerschweinchen und Kaninchen: Wenn sie frei im Garten laufen, werden sie unter Umständen von Zwerghühnern attackiert und verletzt. Deshalb ist hier Auslaufhaltung für Zwerghühner *oder* Vierbeiner sicherer.
Schildkröten: Lassen Sie die Panzertiere ebenfalls nicht mit Zwerghühnern zusammen laufen. Auch sie könnten aus reiner Neugier gehackt und verletzt werden.

Betreuung im Urlaub

Hühner können Sie nicht mit in den Urlaub nehmen. Wenn Sie verreisen, brauchen Sie eine zuverlässige Vertretung, die entweder bei Ihnen wohnt oder zweimal täglich pünktlich zur gleichen Zeit kommt. Morgens müssen die Tiere aus dem Stall gelassen, Stall, Wasser- und Futtergefäße gesäubert und neues Futter, frisches Wasser gegeben werden. Und abends ist es wichtig, daß wirklich alle Tiere im Stall sind, bevor er fest verschlossen wird.
Richten Sie es so ein, daß Ihre Zwerghühner den Betreuer bereits kennen. Auf Fremde reagieren manche zuerst erschreckt und sind dann scheuer als sonst. Zeigen Sie dem Helfer genau, was zu machen ist, halten Sie eine Art »Generalprobe« und hinterlassen einen Zettel mit allen nötigen Angaben.
Daß Sie vor der Reise Grundfutter, Futterzusätze und Streu in ausreichender Menge besorgen, ist sicher selbstverständlich.
Im Winter ist alles etwas komplizierter, weil die Tiere im Stall bleiben, tägliche Säuberung (Ausklauben von Kot samt anhängender Streu) unumgänglich ist, Grünfutter besorgt und auf Einhaltung einer Mindesttemperatur (→ Seite 21) geachtet werden muß. Auch diese Einzelheiten sollten Sie vor der Abreise genau erklären.

Anschaffung und Eingewöhnung

Wo Sie Zwerghühner bekommen

Zwerghühner bestimmter Rassen bekommen Sie bei Liebhaberzüchtern. Adressen erfahren Sie beim Obmann des örtlichen Geflügelzuchtvereins. Auch in Zeitschriften wie »Deutscher Kleintierzüchter« und »Die Geflügel-Börse« (→ Adressen, die weiterhelfen, Seite 70) werden Zwerghühner mit Angabe von Rasse und Geschlecht angeboten (1,2 bedeutet ein Hahn, zwei Hühner). Werden Sie an diesen Stellen nicht fündig, wenden Sie sich an den Sonderverein, der für die von Ihnen gewählte Rasse zuständig ist. Die Adressen erfahren Sie über den Geflügelzuchtverein. Schicken Sie aber bitte keine »Fragebögen«, und vergessen Sie nicht den adressierten, freigemachten Rückumschlag. Alle Obmänner der Geflügelzuchtvereine arbeiten ehrenamtlich, also ohne Bezahlung, und haben daneben, einen normalen Beruf auszufüllen. Wenn Sie eine passende Adresse haben, fahren Sie am besten nach telefonischer oder schriftlicher Voranmeldung selbst zum Abholen. Sie sehen die Tiere in der gewohnten Umgebung und können sie selbst aussuchen. Das Gespräch mit dem Züchter einer bestimmten Rasse über Eigenheiten seiner Zwerghühner ist oft eine wertvolle Hilfe. Und schließlich ist der sachgemäß durchgeführte Transport (→ Seite 8) mit dem Auto für die Hühnchen schonender als Verschicken mit der Bahn.

Fürsorgliche Glucken (hier eine Chabo-Henne) zeigen ihren Küken das Futter und »picken es vor«.

Woran Sie gesunde Hühner erkennen

Obwohl Züchter und Kleinhalter in der Regel gesunde Zwerghühner abgeben, sollten Sie etwas über allgemeine Gesundheitszeichen wissen:

Gesunde Zwerghühner haben

- glattes, glänzendes und vollständiges Gefieder,
- kräftig rot gefärbte Kämme und Kinnlappen (gilt nicht für brütende und führende Glucken),
- muntere, glänzende aufmerksam blickende Augen,
- gut durchblutete Gesichtshaut,
- relativ festen, geformten Kot mit weißer Beimengung, ab und zu einen »Senfklecks« (weicher, stark riechender Blinddarmkot ohne grobe Bestandteile). Die Federn um die Kloake müssen sauber sein.

Gesunde Zwerghühner sind

- lebhaft und neugierig, aber bei ruhiger Behandlung ohne hysterische Schreckhaftigkeit,
- eifrig bei der Futtersuche, beim Sandbaden und Putzen des Gefieders,
- frei von Ungeziefer wie Federlingen, Flöhen und Milben.

Fragen Sie den bisherigen Besitzer unbedingt nach schon erfolgten Kotuntersuchungen und Wurmkuren, denken Sie daran, daß solche Untersuchungen zweimal jährlich notwendig sind (→ Seite 29).

Heimtransport und erste Versorgung

Es gibt spezielle Transportkörbe für Zwerghühner mit geräumigen Einzelfächern (→ Zeichnung Seite 22), die verhindern, daß es während der Fahrt durch die Aufregung der Tiere zu absichtlichen oder unabsichtlichen Verletzungen kommt. Öffnungen sichern die wichtige Luftzufuhr.
Zusammengewöhnte Zwerghühner ruhiger Rassen können Sie zu dreien oder vieren, je nach Größe (Alter), im Katzentransportkorb befördern, der vielleicht sowieso schon vorhanden ist. Transportbehälter mit saugfähigen Zeitungen auslegen, Hobelspäne darüber füllen. So wichtig Frischluft ist, so gefährlich ist Zugluft für die Hühnchen. Stellen Sie den Transportbehälter deshalb entsprechend auf und prüfen beim Anfahren, ob er wirklich keine Zugluft bekommt, während ein Fenster geöffnet und die Lüftung eingeschaltet ist.
Daß der Platz über dem Motor tabu ist (Gefahr der Überhitzung mit Kreislaufkollaps oder Lungenentzündung als Folge), ist Ihnen sicher klar.
Auf weiten Fahrten machen Sie nach Möglichkeit alle zwei Stunden (im Schatten) kurz Pause. Bieten Sie bei heißem Wetter lauwarmes Wasser oder Kamillentee (Thermosflasche) zu trinken an, aber nur im allseits geschlossenen Auto. Aufgeregte Hühner könnten sonst davonflattern und verunglücken.
Zu Hause bringen Sie die Tiere auf dem schnellsten Weg in den bereits vor der Fahrt hergerichteten (mit Einstreu, Trockenfutter und Wasser versehenen) Stall. Hier brauchen sie erst einmal Ruhe, um sich von der Fahrt zu erholen, sich an die neue Umgebung zu gewöhnen, Futter und Wasser aufzunehmen.
Wenn Sie schon Zwerghühner haben, bringen Sie die »Neuen« bitte streng getrennt von den »Alteingesessenen« unter (→ Seite 29).

Kennenlernen und vertraut machen

Am Tag nach der Ankunft beginnt das gegenseitige Anfreunden. Wichtigste Regel: Immer und bei allem ruhig und freundlich bleiben! Weil Liebe und Vertrauen auch bei Hühnern zuerst einmal durch den Magen geht, bieten sie etwas Futter in der Hand an. Am besten hocken Sie sich dazu hin – das ist weniger furchterregend als Ihre volle Größe. Reden Sie dabei freundlich zu den Hühnchen. Mit etwas Geduld haben sie vielleicht schon beim ersten Mal Erfolg: Ein Tier pickt, noch etwas zaghaft und hastig, die anderen folgen. Sonst müssen Sie es am Abend oder am nächsten Tag wieder probieren. Bei diesen Gelegenheiten und beim Versorgen lernen Sie jedes Federtier persönlich kennen und können Veränderungen (→ Seite 31) rasch feststellen.
Futterzahme Zwerghühner lassen sich bald ohne besondere Schwierigkeiten hochnehmen und tragen (→ Seite 21). Allerdings bleibt den meisten der Fluchtreflex beim Zugreifen, wenn auch nicht sehr ernsthaft. Auf dem Arm genießen alle Kraulen an Hals, Kopf und Bäckchen; es entspricht dem gegenseitigen Putzen befreundeter Hühner.
Viele Hähne sind zurückhaltender als Hennen. So fliegen mir draußen nur die beiden Hennen auf den Schoß, der Hahn nie. Immerhin hat auch er es inzwischen gern, wenn ich ihn am Hals kraule. Und Hähne, die von klein auf in engem Kontakt mit denselben Menschen gelebt haben, machen nie Schwierigkeiten. Sie sind eher einmal zu keck.

Zwerg-Hähne. ▷
Oben links: Krähender Federfüßiger Zwerg-Hahn; oben rechts: Zwerg-Holländer-Weißhaube – Hahn in Imponierstellung; unten: Hahnenkampf – beide Hähne in Angriffsstellung.

Haltung und Pflege

Der richtige Platz für den Stall

Hühner brauchen Licht, Wärme und Schutz vor starkem Wind. Deshalb soll der Stall so stehen, daß die Vorderfront mit Fenster, Tür und verschließbarer Auslauföffnung nach Süden oder Südosten zeigt, daß Hecke oder Gebüsch an der Nord- und Nordostseite und nach Westen den Wind abbremsen. Hühner können nicht schwitzen und sind deshalb bei aller Wärmeliebe empfindlich gegen Hitze. Während der Mittagszeit ist lichter Schatten durch Laubgehölze erwünscht. Die Hainbuche zum Beispiel hält das Laub bis zum Neuaustrieb im Frühjahr und schützt so auch im Winter. Lassen Sie sich vor dem Anbau neuer Gehölze in einer Baumschule beraten.
Im eigenen wie im Interesse der Hühner muß verhindert werden, daß sich in Regenperioden Pfützen und Schlamm um den Stall sammeln. Meiden Sie deshalb möglichst Stellen mit hohem Grundwasserstand, vor allem bei schweren Böden. Die Umgebung des Stalls sollte in 2 m Breite aufgekiest oder, noch besser, mit Trittplatten versehen sein.
Steht der Stall im Auslauf, ist es praktisch, wenn er gleich vom Weg aus betreten werden kann. Beim Planen der Anlage müssen Sie die vorgeschriebenen Mindestabstände zum Nachbarn einhalten. Erkundigen Sie sich danach auf dem Landratsamt oder bei der Gemeindeverwaltung.

◁ Verzwergte Großrassen.
Oben links: Ostfriesische Zwerg-Möven, vorne Henne, hinten Hahn; oben rechts: Zwerg-Lachshuhn, Hahn; Mitte links: Zwerg-New Hampshire, Hahn; Mitte rechts: Zwerg-Italiener, Hahn mit Hennen; unten links: Zwerg-Amrock, gesperbert, Henne; unten rechts: Zwerg-Brahma, Hahn.

Der Hühnerstall

Massive Bauten sind immer genehmigungspflichtig, unabhängig von der Größe. Manchmal läßt sich der Hühnerstall in einem schon bestehenden massiven Gebäude (Schuppen) unterbringen. Dann sind zwar bauliche Veränderungen nötig, aber nicht genehmigungspflichtig.
Für andere Ställe sind die Bestimmungen in jedem Bundesland unterschiedlich. Fragen Sie vor Baubeginn die zuständige Behörde.

Die richtige Größe

Für drei Zwerghühner brauchen sie einen Stall von mindestens 1,5 qm Grundfläche und einem Luftraum von einem Kubikmeter (→ Zeichnung Seite 14). Bei dieser Stallgröße rate ich allerdings, die Tiere im Winter in einem hellen, trockenen und temperierten Keller unterzubringen – versehen mit Einstreu, Sitzstangen und gesamtem Zubehör. So haben die Hühner auch in der langen, kalten Jahreszeit ausreichend Bewegungsmöglichkeiten. Wenn der Stall größer ist (2 bis 2,5 qm), hat das den Vorteil größerer Bewegungsfreiheit bei schlechtem Wetter, aber den Nachteil schlechterer Erwärmbarkeit. Als Zwischenlösung legt man heute oft den Schlafraum (0,80 qm) höher als den Scharraum und isoliert ihn besser. Man kann ihn auch durch eine Schiebetür trennen, die geschlossen wird, sobald die Zwerghühner schlafen – im Winter bereits gegen 17 Uhr. Oder man stellt eine gut isolierte Schlafkiste im geräumigen Stall auf.

Fundamente

Für alle Massivbauten sind Fundamente nötig, jedoch auch für die meisten Holzställe. Sie müssen bis unter die Frostgrenze reichen, also etwa 80 bis 100 cm in den Boden hinein und

werden bei schlechtem, nachgebendem Baugrund am tiefsten Punkt um 5 bis 10 cm verbreitert. Die Breite richtet sich nach der Wandstärke des Mauerwerks, beträgt für massive Wände 24 bis 37 cm, für Holz- und Leichtbauwände 24 cm. Fundamente sollen 20 bis 30 cm über der Erdoberfläche enden und oben waagrecht abgeglichen sein. Die richtige Mischung zum Bau: 1 Teil Zement, 8 Teile Kies. Um Aufsteigen von Feuchtigkeit zu verhindern, legt man auf das ebene Fundament eine Lage Isolierpappe. Die Bahnen müssen jeweils 10 cm überlappen.
Für wenige Hühner können Sie auch einen Stall (Fertigteile) ohne Fundamente kaufen (→ Adressen, die weiterhelfen, Seite 70) oder selbst bauen.

Wände
Wände für Massivställe entstehen aus Ziegeln, Bimsbeton-Hohlblocksteinen oder Gittersteinen, die besonders wärmehaltend sind. Beton und Asbestzementplatten eignen sich nicht,

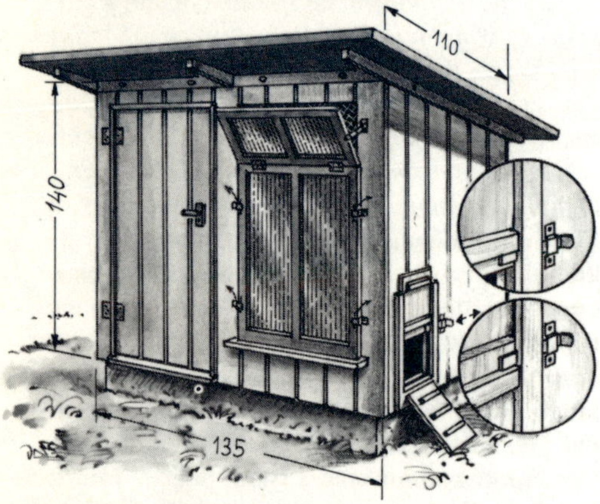

Begehbarer Hühnerstall aus Fertigteilen. Das Kippfenster ist durch Maschendraht gesichert. Detailzeichnungen (rechts) zeigen die Verriegelung des mardersicheren Falltürchens bei offener und geschlossener Tür.

weil sich daran Schwitzwasser bildet und Feuchtigkeit gesundheitsschädlich ist.
Für kleine, selbstgebaute Ställe ist imprägniertes Holz praktisch. Aus diesem Material sind auch die soliden Ställe der Firma Groos (→ Adressen, die weiterhelfen, Seite 70), die Sie als Bausatz kaufen können. Für Kleinstställe von 1,5 qm Grundfläche und 1 m Höhe kommen sogar Spanplatten in Frage. Meist können sie die einzelnen Teile von Holz und Preßspanplatten beim Kauf nach Ihrem Plan passend zuschneiden lassen – eine große Arbeitserleichterung!

Imprägnierung und Isolierung
Verwenden Sie zum Imprägnieren relativ ungiftige Mittel wie Fungol oder Compo-Xantol, wenn Sie nicht mit offenporigem Klarlack streichen wollen. Erledigen Sie das so zeitig vor dem Zusammenbau, daß beim Einzug der Zwerghühner alles nicht nur völlig getrocknet, sondern auch »abgedampft« ist (nicht mehr riecht), damit die Tiere keine Schaden nehmen.
Ställe aus Holz oder Spanplatten werden doppelwandig gebaut und mit einer wärmehaltenden, 4 cm starken Zwischenschicht aus Styroporplatten, Hartschaumplatten oder Glasfaser-Dämmfilzen versehen. Zwerghühner brauchen mehr Wärme als große Hühner, wenn auch nicht alle Rassen gleich empfindlich sind.

Fußboden und Dach
Bei dem beschriebenen kleinen Stall und anderen Holzställen kann auch der Boden aus Spanplatten oder glattgehobeltem Holz bestehen – doppelt gearbeitet und eher noch stärker isoliert als die Wände. Imprägnieren mit offenporigem Klarlack nicht vergessen!
Massivställe bekommen Fußböden aus Ziegelsteinen oder wärmehaltenden Ziegelhohlsteinen. Vor dem Verlegen stellt man durch eine

Mischung Magerbeton einen festen Untergrund her und bedeckt ihn wie das Fundament mit Isolierpappe. Die Fugen zwischen den Ziegeln werden mit einer Zementmischung ausgegossen.
Bei unserem kleinen Stall besteht das Dach aus den gleichen Materialien wie Wände und Fußboden, ist ebenso isoliert und mit Hilfe stabiler Scharniere im ganzen aufklappbar. So können wir den Stall von oben reinigen, die Streu auswechseln und wenn nötig, die Zwerghühner herausnehmen.
Gegen Niederschläge ist der Deckel mit kräftiger Dachpappe bezogen. Damit die Stallwand vorn nicht naß wird, steht er dort etwas über, eine leichte Neigung läßt Wasser ablaufen.
Dächer massiver Ställe werden meist mit Pultdach oder schwerer zu bauendem Satteldach versehen. Auch hier Isolierung nicht vergessen. Gedeckt wird mit Dachziegeln. Eine Regenrinne verhindert Verschlammen des Bodens und Zerstörung von Wänden und Fundamenten.

Fenster und Türen
Hühner brauchen viel Licht, deshalb soll die Fensterfläche $1/5$ bis $1/6$ der Stallgrundfläche betragen. Fenster müssen, genau wie Türen und Auslauföffnungen, dicht schließen, weil Zugluft Hühner krank macht. Das obere Drittel des Fensters sollte aufklappbar sein. Damit es im Sommer bei sehr warmem Wetter nachts aufbleiben kann, ohne daß Ratten, Mäuse oder Marder eindringen, bringen Sie dahinter ein stabiles, nicht zu engmaschiges Drahtgeflecht an (→ Zeichnungen Seite 12 und Seite 14). Kein Fliegengitter verwenden, es läßt zu wenig Luft durch!
Wer einen großen Stall hat, kann sich eine bequeme Tür leisten. Bei 90 bis 100 cm Breite und 190 cm Höhe braucht sich niemand hindurchzwängen. Wenn die Tür gegen eine Wand anschlägt, kann sie gut festgestellt werden. Ein ordentliches Schloß nicht vergessen! Damit die Einstreu nicht herausfällt oder herausgescharrt wird, baut man die Tür ein Stück über dem Boden ein oder befestigt an der Schwelle ein Brett von etwa 25 cm Höhe. Schalldämmung hilft, auch empfindliche Nachbarn dem früh krähenden Hahn gegenüber milde zu stimmen. Ich denke an Isolierglas für die Fenster und gedoppelte Holztüren (Lüftung über Luftkanäle, → Seite 14).

In den ersten Lebenswochen ist das Wärmebedürfnis der Küken sehr groß; immer wieder schlüpfen sie auch tagsüber unter das wärmende Gefieder der Glucke.

Auslauföffnungen
Sie sollen 25 cm bis 30 cm breit und ebenso hoch sein, je nach Größe der gehaltenen Rasse. Meist werden sie 15 bis 20 cm über dem Scharrboden angebracht. Sonst muß ein innen angebrachtes Brett (→ Türen, Seite 13) das Herausfallen von Streu verhindern. Als Verschluß kommt eine ausklappbare »Hühnerleiter« in Frage (→ Zeichnung Seite 14), aber auch Schieber, die in Führungen laufen und nach oben oder – unter Fenstern – seitlich geöffnet werden. In windigen Lagen ist ein Windfang vor dem Türchen praktisch.

Lüftung

Hühner brauchen sehr viel Sauerstoff und sind empfindlich gegen feuchtwarme Luft. Deshalb muß der Luftraum entsprechend (etwa 1 cbm für drei Hühner) und eine funktionierende Lüftung vorhanden sein. Wird Kot nicht täglich entfernt oder wenigstens alle zwei Tage, reichert sich die Luft außer mit Kohlendioxyd (Ausatmung) auch mit Ammoniak an. Die Dämpfe führen bei Hühnern zu Lidbindehautentzündungen und Erkrankungen der Atmungsorgane und reizen die Schleimhäute.

In kleinen, sehr sauber gehaltenen Ställen genügt eine Lüftung mit Regulierschieber (→ Zeichnung rechts). In größeren müssen die Fenster zu öffnen sein (→ Seite 12). Auch zum Stall hin durch Maschendraht gesicherte Luftkanäle kommen in Frage. An verschiedenen Seiten des Stalles angebrachte Fenster und Türen dürfen nie gleichzeitig geöffnet sein (Zugluft!). Dafür wird eben häufiger gelüftet.

Heizung und Beleuchtung

Zwerghühner ertragen notfalls für wenige Stunden Temperaturen um 0° C, wenn der Stall trocken ist – aber nicht länger (→ Die richtige Temperatur, Seite 21). Deshalb sollte in keinem Stall ein elektrischer Anschluß fehlen. Sie können den unbedingt empfehlenswerten »Frostwächter« (→ Zubehör, Seite 20) dort anschließen, aber auch Tränkenwärmer.

Wenn Rassen mit langer Entwicklungszeit (beispielsweise Zwerg-Phönix) schon im Dezember brüten oder andere auch in den kalten Monaten legen sollen, ist nicht nur eine Temperatur von 15° C ratsam, sondern auch zusätzliche Beleuchtung. Sie wird in den Morgen- und Abendstunden eingeschaltet, die Dauer des Gesamttages auf 14 Stunden festgesetzt. Für je 6 qm genügen 10 bis 20 Watt, besonders starkes Licht ist hier nicht nötig. Allerdings muß *regelmäßig* eingeschaltet werden, bis die natürliche Helligkeit einsetzt. Wer plötzlich damit aufhört, hat mit Verringerung der Legetätigkeit, Aufhören von Brutlust der Hennen, Tretunlust der Hähne und unter Umständen sogar mit Gesundheitsstörungen bei Alttieren und Küken zu rechnen. Zur Aufzucht von Winterküken, die schwierig und Anfängern nicht zu empfehlen ist, braucht man außerdem eine Infrarotlampe. (Lampen sollen immer in Drahtkörben angebracht werden.)

Wir haben in unserem kleinen Stall eine blaugefärbte 40 W Birne im Drahtkorb installiert. Sie reicht dank starker Isolierung des ganzen Stalles und 30 bis 40 cm hoch eingebrachter Streu aus, den Raum fast immer frostfrei zu halten. Nur bei −18° C war das Trinkwasser morgens schon leicht überfroren und mußte im temperierten Tagesstall, unserem Gewächshaus, schnellstens durch lauwarmes ersetzt werden.

Kleiner Hühnerstall zum Selberbauen für *eine* Zwerghuhnfamilie. Als Lüftung kann wahlweise Lochschieber oder Kippfenster eingebaut werden. Das hochklappbare Auslauftürchen wird mit einem einfachen Riegel verschlossen (Detailzeichnung links).

Sitzstangen
Sitzstangen werden je nach Fußgröße der Rasse aus 4 bis 5 cm breiten, 3 cm hohen Vierkanthölzern gefertigt, die man oben abrundet (→ Zeichnung rechts). So können die Zwerghühner entspannt – mit der nötigen Auflagefläche für das Brustbein – sitzen und ruhig schlafen.
Für vier erwachsene Zwerghühner rechnen Sie etwa 1 m Stangenlänge, damit es keinen Streit um den Platz gibt. Aus demselben Grund ist es wichtig, alle in gleicher Höhe anzubringen.
Kotbretter unter den Sitzstangen sind für Kleinhalter entbehrlich, wenn der Stall gut eingestreut und sauber gehalten wird. Bei Bedarf aus mit Blech beschlagenem Holz fertigen, damit sie sich gut reinigen lassen.
Wenig- oder Nichtflieger brauchen Sitzstangen in höchstens 40 cm Höhe, die kleinen, kurzbeinigen Chabos zum Beispiel in nicht mehr als 30 cm Höhe. Sie verletzen sich sonst beim Herunterspringen (Leberrisse kommen vor).
Der Abstand zwischen Sitzstange und Kotbrett beträgt für Chabos 15 bis 20 cm, bei anderen Rassen 20 bis 25 cm und bei langschwänzigen Zwerghühnern, deren Schwanzfedern nicht mit dem Kotbrett in Berührung kommen dürfen, entsprechend mehr.

Einstreu
Als Einstreu eignen sich trockene Hobelspäne von unbehandeltem Nadelholz (in Sägewerken meist billig zu haben). Auch gehäckseltes Stroh ist verwendbar, bindet aber Feuchtigkeit und Geruch weniger gut. Eichenholzspäne gefährden die Gesundheit der Tiere. Torfmull, Torfstreu, Sägespäne und Sägemehl kommen auch nicht in Frage, weil der (eingeatmete) Staub den Hühnern schadet. Im Winter wird die (wärmende!) Einstreu 30 bis 40 cm hoch aufgebracht. Bei uns hat sich das sehr bewährt.

Stallhygiene – Stallgroßputz

Der Kot im Stall soll, wenn nicht täglich, doch wenigstens alle zwei bis drei Tage entfernt werden, dabei wischt man auch gleich verschmutzte Sitzstangen feucht ab. Das ist, einmal eingeführt, angenehmer als die Reinigung des verdreckten Stalls alle ein bis zwei Wochen. Ganz abgesehen vom Wohlbefinden der Zwerghühner. Die Streu brauchen Sie so auch nur alle vier Wochen ganz auszuwechseln.

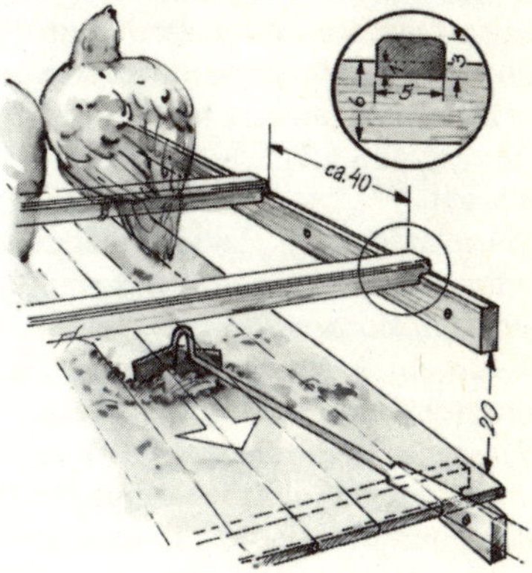

Selbstgebaute Sitzstangen. Der Abstand zwischen Kotbrett und Sitzstange hängt von der Rasse ab; bei langschwänzigen Rassen muß er entsprechend größer sein.

Zweimal jährlich bei warmem Wetter, im Frühjahr und im Herbst, ist Stallgroßputz nötig. Dabei sind nach Entfernen der Streu, Auskehren und mechanischer Reinigung alle Teile mit heißem Wasser abzubürsten und gründlich nachzutrocknen. Keine chemischen Reinigungsmittel zusetzen, höchstens etwas Kernseife oder Neutralseife. Sitzstangen und Halterungen getrennt behandeln. Wenn nötig, danach mit einem wirksamen, ungefährlichen

Mittel gegen Außenparasiten (→ Seite 34) desinfizieren (Alugan-Spray oder ein Mittel, das der Tierarzt empfiehlt. Desinfektion nach Krankheiten → Seite 35).

Der freie Auslauf

Zwerghühner gedeihen wie alle Tiere am besten, wenn sie weitgehend ihrer Natur gemäß leben können. Sie brauchen viel Bewegung in frischer Luft, Futtersuche ohne Hast, Scharren, Picken, Staubbaden, Sonne oder Schatten nach Wahl.

Ideal als Auslauf ist ein großer Obstgarten mit Grasunterwuchs, wie man ihn noch am Stadtrand oder auf dem Land finden kann. Hier gibt es keinen Ärger und keine Schäden durch Scharren. Gras und Wiesenkräuter, Insekten, Raupen, kleine Schnecken und Würmer sind gesundes und – im Gegensatz vor allem zu den gepreßten Pellets (Kükenkorn, Legekorn) – »interessantes« Futter. Allerdings können bei so viel Freiheit Hunde allen und verwilderte Katzen kleinen Rassen (fast allen Urzwergen) gefährlich werden.

Wir haben einen Garten von 500 qm, in dem unsere drei Zwerg-Cochin bei jedem erträglichen Wetter herumlaufen. Sie fliegen kaum und respektieren von sich aus die niederen Zäune an der Grenze zu den Nachbargrundstücken, so daß es ihretwegen noch nie Ärger gab. Weil die Tiere wie alle Rassen mit stark befiederten Füßen und wie die kurzbeinigen Chabos nur auf offenem Boden »durchgreifend« scharren, leiden weder der Rasen noch andere dicht bewachsene Flächen. Manchmal müssen wir sie allerdings – in aller Ruhe – von den Gemüsebeeten wegkomplimentieren und gelegentlich kleine Schäden an Salat oder Kohl hinnehmen. Aber es bleibt im Rahmen und ist zu ertragen – unserer Meinung nach. Jeder Tierfreund wird ähnlich denken.

Der eingezäunte Auslauf

Vielleicht wählen Sie Zwerghühner ohne Fußfedern und mit normal langen Beinen oder gute Flieger, die Nachbars Garten nicht verschonen und, zumindest im ersten Jahr, die Nächte lieber in fremden Bäumen statt im eigenen Stall verbringen möchten. Dann ist freier Auslauf höchstens im schon erwähnten großen Grasgarten möglich – wenn Sie bereit sind, Jungtiere fliegender Rassen allabendlich »von den Bäumen zu schütteln« und in den Stall zu geleiten.

Sonst benötigen Sie einen eingezäunten Auslauf. Bei Hochfliegern ist sogar eine große Voliere mit Überdachung aus Maschendraht notwendig. Bei welchen Rassen das zutrifft, können Sie auf Seite 66 ff. nachlesen.

Zwerghühner wollen sich bewegen und brauchen das, um gesund und munter zu bleiben. Rechnen Sie deshalb für drei Tiere möglichst 45 qm Auslauffläche. Aus engeren Gehegen versuchen auch relativ flugfaule Hühner meist erfolgreich zu fliehen – ein natürlicher Protest. Wenn möglich, sehen Sie die doppelte Fläche vor, als Mittel gegen »Hühnermüdigkeit«, Anreicherung von Krankheitskeimen, vor allem auch Kokzidien (→ Seite 32). Der Auslauf wird durch einen Zaun geteilt, die beiden Stücke im Wechsel genutzt. Nach dem Abweiden säubern, flach umgraben, abkrailen, eben rechen und zum Schluß neu einsäen. Die Zwerghühner weiden dann bereits im anderen Auslaufteil.

Grünzeug mit besonders schneller Entwicklung, das sich zur Saat im Auslauf eignet: Gerste, Weizen, Buchweizen. Außerdem lassen sich ausgestochene Grasbüschel mit viel Wurzeln und Erde, Weißklee und Fingerkraut pflanzen, dicht bei dicht. Andrücken, angießen, feucht halten – so wächst alles rasch zusammen; offene Stellen schaden nicht.

Sie können sich auch eine Samenmischung für den Hühnerauslauf von den Firmen Bornträger, 6521 Offstein oder Julius Wagner, 6900 Heidelberg, Postfach 105 880, zusammenstellen lassen.
In jedem benutzten Auslauf Kot wenigstens zweimal wöchentlich abrechen oder bei trokkenem Wetter »abspritzen« (mit dem Gartenschlauch).

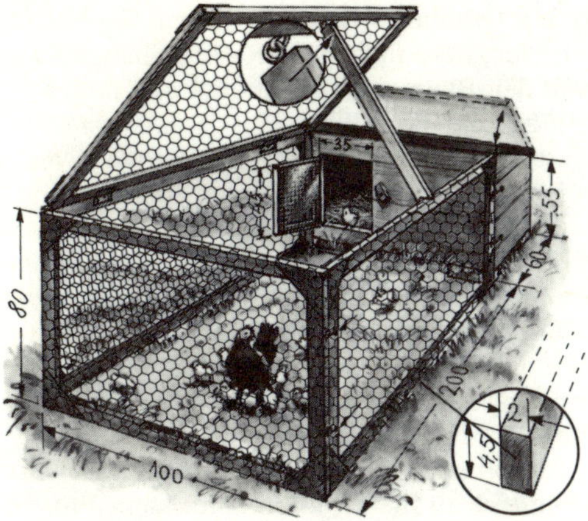

In diesem Auslauf mit Gluckenhäuschen sind Küken und Glucke sicher vor Marder oder Katzen.

Ausläufe für Zwerghühner mit besonderen Ansprüchen

Rassen mit starker Fußbefiederung (Latschen) oder besonders langen, prächtigen Schwänzen hält man entweder auf gepflegtem Rasen oder, wenn sie stark scharren, auf einer stets sauber gehaltenen 20 bis 25 cm hohen Sandschicht. Das gilt vor allem für Ausstellungstiere, deren Gefieder immer ohne Fehl und Tadel sein soll.
Da manche Rassen nicht nur Trockenheit von oben brauchen, sondern auch nicht im Nassen laufen dürfen, ist hier die Hälfte bis zwei Drittel des Auslaufs zu überdachen. In Frage kommt durchsichtiges Material wie Gewächshausfolie, aber kein Glas, das zu Bruch gehen und durch Scherben und Splitter die ganze Fläche unbrauchbar machen könnte.
Auch hier: sehr sauber halten, mindestens dreimal wöchentlich gründlich ausrechen. Rasen wird in größeren Abständen mit dem Schlauch sauber gespritzt, Sand durch neuen ersetzt. Die Zwerghühner dürfen erst auf den Rasen, wenn er abgetrocknet ist.
Auf Sandflächen bitte außer dem normalen Futter mit Kalk und Spurenelementen täglich frisches Grünfutter zur Verfügung stellen (eventuell in Körben, → Seite 18).

Kükengatter und Gluckenhäuschen

Glucken müssen ungestört brüten können, sie tun das am liebsten dort, wo sie schon ihre Eier gelegt haben und sich geborgen fühlen – ein von den freilebenden Vorfahren ererbter Instinkt. In der ersten Woche nach dem Schlüpfen bleiben Mutter und Kinder notfalls im Haus. Unsere beiden Glucken verbringen diese Zeit in zwei großen, mit Maschendrahtdeckeln gegen Herausfliegen gesicherten Möbelkartons. Sie sind mit Hobelspänen eingestreut, in jedem steht ein Brut-(Lege-)Häuschen, und alle zwei Stunden bekommen die Küken für gute zehn Minuten Wasser und Futter hineingestellt. Wegen des begrenzten Raums setze ich vom zweiten oder dritten Tag an die Mütter in dieser Zeit in den Garten und versorge sie dort mit dem gewohnten Körnerfutter. Nacheinander, weil sie übereinander herfallen, sobald sie Küken haben. Das ist etwas mühsam, aber praktikabel.
Einen ausreichend großen Stall können Sie entsprechend unterteilen. Dabei ist wichtig, daß einander feindliche Glucken sich nicht zu

sehen bekommen. Sie wüten sonst manchmal so, daß Küken zertreten werden.
Eine Woche nach dem Schlupf darf die kleine Familie wenigstens zeitweise ins Freie, wenn das Wetter günstig ist (trocken, Temperaturen über 20° C, windstill oder windgeschützt).
Jetzt geht es nicht mehr ohne Auslauf (besonnt, aber mit Schattenecke!) und wetterfestes Gluckenhäuschen.
Wie der Auslauf aussehen soll und auf was Sie besonders achten müssen, zeigt die Zeichnung auf Seite 17. Die Grundfläche von 1,5 qm wurde gewählt, damit die Kleinen sich oft genug bei der Mutter aufwärmen können und nicht durch zu viel Laufen überanstrengt werden. Nicht alle Glucken sind so instinktsicher, daß sie ihre Küken ausreichend hudern (wärmen) und beim Laufen Rücksicht auf sie nehmen, wenn sie beliebig Platz haben. Damit die Familie bei feuchtwarmem Wetter nicht der Nässe wegen (Nachttau) erst mittags nach draußen kann, decken Sie nachts Folie über den Auslauf und befestigen sie so, daß sie nicht wegfliegen kann.

Im Stall sollte Grünfutter in Futterkörben angeboten werden, um Verunreinigungen zu vermeiden.

Im Gluckenhäuschen (→ Zeichnung Seite 17) können Glucke und Küken nach etwa zwei Wochen auch übernachten, wenn es warm genug ist (nicht unter 15° C). Wichtig ist, daß die Bewohner durch Unternageln je einer 2 bis 3 cm starken Leiste rechts und links am Häuschenboden gegen Kälte und Nässe von unten geschützt sind!

Die Hühnerausstattung

Gutes und geeignetes Zubehör erleichtert Ihnen nicht nur das Leben, sprich: Reinigungs- und Pflegearbeiten, sondern trägt auch zum Wohlbefinden Ihrer Hühner bei.

Futtergefäße

Für einen kleinen Hühnerbestand von 3 bis 4 Tieren genügt eine große, glasierte Keramikschale (Durchmesser etwa 17 bis 20 cm, Höhe etwa 6 cm) mit etwas nach innen gebogenem Rand (→ Zeichnung Seite 25). Sie läßt sich gut heiß säubern, der Rand verhindert weitgehend Verschleudern des Futters beim unvermeidlichen Scharren. Das Gefäß muß unten etwas breiter sein als oben, damit es sicher steht. Plastikschalen eignen sich weniger, sie kippen leicht um.
Hygienischer und für eine größere Hühnerschar praktischer sind »Kükenfuttertröge« aus Metall mit aufklappbarem Freßgitter, auch für erwachsene Zwerghühner brauchbar und ab 30 cm Länge zu haben. Am besten etwas erhöht aufstellen, zum Beispiel auf umgedrehte Plastik-Pflanzkistchen (Pikierkisten) – so bleibt das Futter sauber. Zwerghuhnküken bekommen ihr Futter in den ersten Tagen auf »Futterbrettchen« serviert, die es im Fachhandel (→ Seite 70) zu kaufen gibt. Für wenige Tierchen eignen sich Deckel von Plastik-Gefrierdosen. Die Fläche muß so bemessen sein, daß alle Küken zur gleichen Zeit picken kön-

nen (für 8 Küken etwa 20×20 cm). Schon mit gut einer Woche sind die Kleinen so gewandt, daß Sie den Kükenfuttertrog hinstellen können. Zur Aufstellung im Freien gibt es solche Tröge auch überdacht. Das kommt in Frage, wenn Futter nicht im Stall oder an einem überdachten Futterplatz steht.
Grünfutterkörbe aus feuerverzinktem Material sind praktisch, wenn Hühner im Stall bleiben müssen. Hängen Sie sie so auf, daß die Tiere sich recken müssen, um an das begehrte Grün zu kommen. Das hilft gegen Langeweile und hält die Kondition.
Futtergefäße für Trockenfutter wenigstens dreimal wöchentlich ganz leeren, gründlich mit heißem Wasser (ohne Spülmittel und ähnlichem!) bürsten, spülen und trocknen. Kontrolliert wird früh und abends, bei Verschmutzung mit Kot muß man sie gleich säubern.

Tränken
Bekannt und praktisch sind Stülptränken, deren Konstruktion Verschmutzung durch Kot weitgehend verhindert (→ Zeichnung Seite 25). Für Halter weniger Tiere genügt eine Küken-Stülptränke aus Plastikmaterial, die bis zu ½ l Wasser faßt und heiß zu reinigen ist. Für Küken füllen Sie nur den Tränkteller und stülpen das Wassergefäß leer darüber.
Dicksaure Magermilch, bei der Kükenaufzucht manchmal verwendet, gibt man in glasierten Keramik- oder Reinaluminiumschalen. Anderes Material wird leicht durch Milchsäure angegriffen, die herausgelösten Stoffe sind schädlich für Tiere.
Wichtig: Stellen Sie alle Tränken etwas erhöht auf einen Rost über Sand (Fußabstreifer aus feuerverzinktem Material, umgedrehte, gelochte Pflanzkistchen aus Plastik), damit die Umgebung trocken bleibt und keine Erde ins Wasser gescharrt wird. Naßstellen in Stall und Auslauf fördern Kokzidien (→ Seite 32) und andere Krankheitserreger!

Wassergefäße leert und spült man täglich, bei Stülptränken stets Teller *und* Wasserbehälter, und füllt sie frisch.

Legenester
Jedes Huhn hat das Bedürfnis, im Halbdunkel eines schützenden, mit Einstreu (Nistmaterial!) versehenen Nestes ungestört sein Ei zu legen. Vom Setzen bis zum Verlassen des Nestes vergehen bis zu zwei Stunden. Deshalb entschlossen wir uns, jeder Henne ein Nest hinzustellen. Davor gab es oft Geschrei, weil alle zugleich legen wollten.
Einzelne Legenester müssen Sie meist selbst anfertigen (Musterzeichnung → unten). Diese Nester sind auch zum Brüten geeignet – Hennen brüten am liebsten dort, wo sie gelegt haben.
Wer züchten möchte (→ Seite 36), muß wissen, welches Ei von welcher Henne stammt, aber auch wer nur einmal Küken ausbrüten läßt, ist vielleicht daran interessiert. Hat man nur wenige Hühner, läßt sich die Herkunft durch Augenschein feststellen. Unsere Gretel beispielsweise legt cremefarbene rundliche, Emma bräunliche längliche Eier.

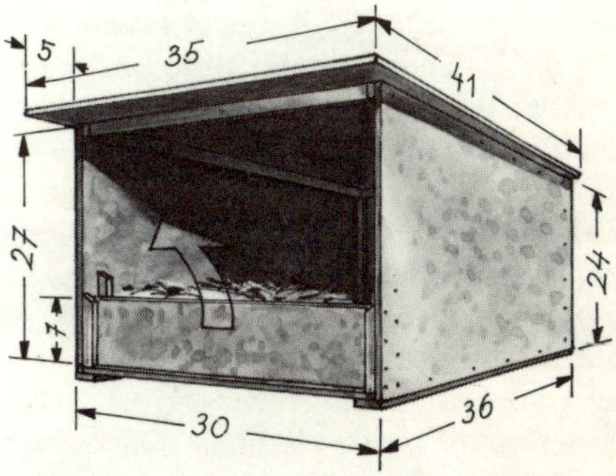

Legenest zum Selberbauen. Zum Wechseln der Einstreu läßt sich die vordere Leiste herausnehmen.

Sind die Eier nicht so verschieden im Aussehen oder haben sie viele Tiere, brauchen Sie Fallennester. Auch die können Sie selber bauen (→ Zeichnung unten).

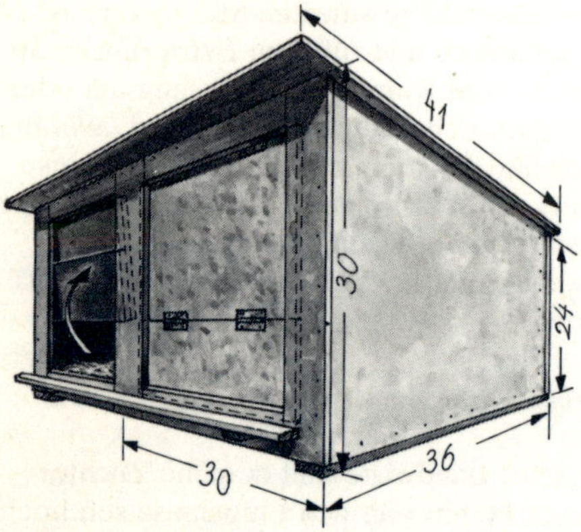

Fallennest zum Selberbauen. Nach dem Durchschlüpfen kann die Henne die Klappe nicht von innen öffnen.

Staubbad

Das Staubbad dient der Gefiederpflege und ist zugleich ein Vergnügen für jedes Huhn (→ Seite 57). Wenn es im Garten oder Auslauf keine geeignete, immer trockene Stelle dafür gibt, zimmern Sie als Behälter einen Rahmen aus 24 mm starken Brettern, 15 bis 20 cm hoch und je 50 cm breit und lang (→ Zeichnung rechts). Er gehört im Sommer – unter einem Dach regengeschützt – ins Freie und im Winter in den Stall an eine helle, möglichst besonnte Stelle. Die beste »Bademischung« besteht aus trockener, feiner Erde und trockenem, sauberem Sand. Die Schicht soll wenigstens 13 bis 18 cm hoch sein. Kot öfter entfernen und Füllung alle paar Wochen gegen eine saubere austauschen.

Nützliches Zubehör

Transportkörbe: Für Zwerghühner gibt es im Fachhandel spezielle Transportkörbe (→ Heimtransport, Seite 8 und Zeichnung Seite 22).

Krallenzange: Auf weichem Rasen oder Sand im geschlossenen Auslauf oder in der überdachten Voliere nutzten sich Krallen oft nicht genügend ab. Zum Kürzen brauchen Sie eine Krallenzange.

Thermometer: Im Stall brauchen Sie ein Thermometer, eventuell kombiniert mit einem Hygrometer (Feuchtigkeitsmesser). Geschützt gegen Schnabelhiebe (Drahtkorb) in Hühnerhöhe aufhängen.

Brutapparate, Kükenwärmer, künstliche Glukken: Sie sind nur wichtig, wenn Zwerghuhnzucht in größerem Rahmen betrieben wird und wenn, bei nichtbrütenden Rassen, keine »Ammenglucke« (→ Seite 62) gehalten wird. (Bezugquellen für Geräte → Seite 70).

Infrarotstrahler: Diese Strahler brauchen Sie zur Aufzucht von Frühbruten (→ Seite 38), aber auch für erkältete Tiere (→ Seite 32). Darüber sprechen Sie im Krankheitsfall mit Ihrem Tierarzt.

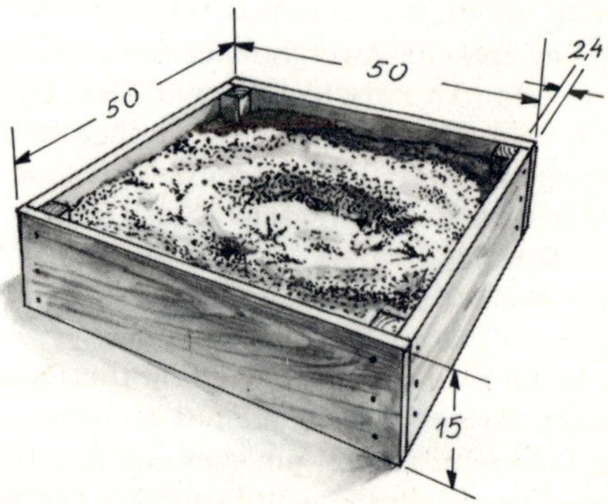

Staubbad-Kiste für Zwerghühner. Die Füllung (Sand oder Erde) muß regelmäßig von Kot gereinigt werden.

»Frostwächter«: Sie sind auch dem Kleinhalter zu empfehlen: thermostatisch auf eine bestimmte Raumtemperatur einzustellen, nicht teuer und über den Fachhandel zu beziehen (Stallgröße angeben). Verlangen Sie ein Modell für Feuchträume.

Die richtige Temperatur für Zwerghühner

Küken brauchen in der ersten Lebenswoche eine Temperatur von 32° C, die langsam, von Woche zu Woche, um jeweils 2° C gesenkt wird. Bei künstlich gebrüteten Tieren ohne Mutter ist das genau einzuhalten (Kükenwärmer, künstliche Glucken, → Seite 20).
Küken aus Naturbrut (→ Seite 39) bleiben in der ersten Lebenswoche, bei kühlem oder feuchtem Wetter auch später (bis mindestens zur 5. Woche) samt Glucke in einem temperierten (15° C) Stall, der nur 1 bis 1,5 qm Fläche haben soll. Sonst besteht die Gefahr, daß die Mutter zu viel herumläuft und die Kleinen zu wenig hudert (wärmt).
Jungtiere bis zum Alter von 6 Wochen hält man bei etwa 20° C und auch danach bis zur vollen Befiederung (mit 16 Wochen) möglichst bei 15° bis 18° C.
Ausgewachsene Zwerghühner fühlen sich bei Temperaturen zwischen 14° und 22° C besonders wohl, aber auch höhere Temperaturen werden gut vertragen, wenn sie sich jederzeit bei genügender Luftzufuhr in den Schatten zurückziehen können. Sorgen Sie unbedingt für ausreichende Lüftung des Stalles (Lüftung, Seite 14).
Im Winter vertragen die Tiere notfalls auch einmal für ein paar Stunden 0° C, wenn der Stall trocken, zugfrei und tief eingestreut ist (→ Seite 15). Bei Feuchtigkeit draußen und drinnen gibt es nachhaltige Durchblutungsstörungen schon bei +6° C. Als Winterdauertemperatur sind 8 bis 10° C das Minimum, bei dem Hühner zwar nicht krank werden, aber weder zum Treten noch zum Eierlegen und Brüten große Lust haben. Schon deshalb sollte ein thermostatisch einstellbarer Frostwächter vorhanden sein.
Auslauf bei sonnigem (oder anderem) Frostwetter aus dem gewärmten Stall heraus ist immer gefährlich und führt zu Erfrierungen an Kämmen und Kinnlappen, die langsam oder überhaupt nicht mehr verschwinden, Wohlbefinden und Leistungsfähigkeit stark beeinträchtigen. In extremen Fällen sind sogar die Füße betroffen. (Temperaturen für geschwächte und kranke Hühner → Seite 29).

Zwerghühner richtig tragen

Tierärzte, Landwirte und manche Züchter nehmen Hühner an den Flügelansätzen hoch. Das schadet zwar nicht, ist den Tieren aber unangenehm, verursacht (nachgewiesenermaßen) Schmerzen und verhindert Vertrautwerden. Hochheben an den Beinen bei herunterhängendem Kopf ist nur bei besonderen Untersuchungen des Tierarztes für kurze Zeit zu rechtfertigen, für längeres Tragen oder Befördern eine ausgesprochene Tierquälerei.
Bei noch scheuen Tieren greifen Sie mit beiden Händen seitlich über die Flügelmitte und einen Teil der Brust und tragen so jedes einzelne, dicht am Körper im Arm gehalten. Entscheidend ist dabei, daß die Flügel des Huhns dicht am Körper liegen und dort von Ihnen festgehalten werden. Für Ungeübte ist dieser Griff immer zu empfehlen.
Sobald das gegenseitige Vertrauen groß genug ist, können Sie gut zwei Hühner zusammen tragen. Mit der linken Hand ein Huhn von links über Flügel und unter Brust und Vorderbauch greifen und hochnehmen, mit der rechten Hand das andere Huhn von rechts genauso. Auch jetzt dicht am Körper tragen.

Wenn Sie Hahn und Hennen in den ersten Tagen morgens so aus dem Stall holen, dabei auf den Arm nehmen und abends ebenso hineinsetzen, gewöhnen sich die Neuankömmlinge rascher an Sie und an das neue Zuhause.

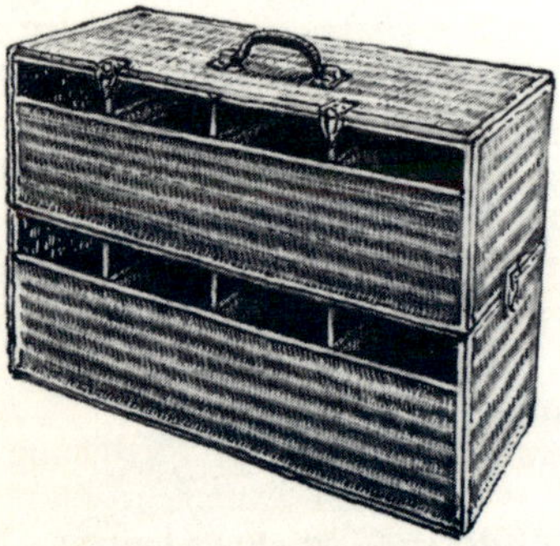

Transportkorb für acht Zwerghühner. Die Öffnungen sind mit feinem Maschendraht verkleidet.

Wie Sie Unfälle vermeiden

Damit durch das bei warmem Wetter auch nachts geöffnete Fenster des Stalles kein Raubzeug (zum Beispiel Marder und Ratten) eindringen kann, verkleiden Sie die Öffnung von innen mit feinmaschigem Drahtgewebe (→ Seite 13).
Sichern Sie Lampen im Stall durch Drahtkörbe und verlegen Sie elektrische Leitungen so, daß sie weder durch Picken noch Scharren beschädigt werden können.
Nässe im Stall (ungenügende Lüftung, falsch angebrachte Tränken) und Durchnässung der Tiere draußen können zu schweren Erkältungen führen, aber auch zu lebensgefährlichen Krankheiten, die oft überraschend schnell tödlich enden (→ Seite 29). Überhitzung ist so schädlich wie Nässe und kann ebenso krankheitsauslösend wirken oder zum Kollaps führen.
Zahme Zwerghühner laufen »ihren Menschen« bei Gartenarbeiten und beim Rasenschneiden mit dem Motormäher nicht nur nach, sondern oft vor oder zwischen die Füße. Hier helfen nur große Aufmerksamkeit oder zeitweises Einsperren in Stall oder Auslauf.
Schneckenkörner und andere Schneckengifte genau wie Schädlingsbekämpfungsmittel und Herbizide (Unkrautbekämpfungsmittel) aller Art können zu schweren Gesundheitsstörungen oder zum Tod führen, wenn die Tiere sie oder damit verseuchtes Futter aufnehmen. Verzichten Sie deshalb nach Möglichkeit darauf. Gegen Schnecken gibt es giftfreie Mittel im Fachhandel. »Unkraut« läßt sich beim Lockern beseitigen und ist durch naturgemäße Anbaumethoden in Grenzen zu halten – wie Schädlinge und Pflanzenkrankheiten. Wenn Sie einmal meinen, nicht ganz ohne die erwähnten riskanten Mittel auszukommen, müssen Zwerghühner im »ausbruchsicheren«, giftfreien Auslauf bleiben – für mehrere Wochen.
Düngekörner und Düngesalze, die gleich eingehackt und gründlich eingewässert werden, sind schon nach zwei bis drei Tagen nicht mehr gefährlich.
Zwerghühner dürfen keinen Zugang zu Stellen haben, an denen Auto oder Motorrad stehen und gepflegt werden. Aufnahme selbst kleinster Mengen Motoröl, Benzin, Politur, beispielsweise aus Pfützen, verursacht Durchfall, Magen- und Darmgeschwüre mit Mattigkeit, Abmagerung und mehr. Frostschutzmittel wirken immer tödlich.

Die Ernährung

Nahrungsaufnahme und Verdauung

Hühner schlucken Futter unzerkaut, weil ihnen Zähne fehlen. Im Drüsenmagen findet die Vorverdauung statt, bevor der Muskelmagen in Aktion tritt. Hier wird ein Sekret abgesondert, das die Schleimhaut nach dem Erstarren mit einem derben wulstigen Überzug versieht. Diese »Reibplatten« zerkleinern mit Hilfe der Magenmuskulatur vor allem hartes Körnerfutter. Steinchen unterstützen den »Mahlvorgang«, deshalb sind Sand und Muschelgrit als Futterzusatz so wichtig.
Nachdem im Darm weitere Fermente und Gallenflüssigkeit den Speisebrei zersetzt haben, wird alles Brauchbare vom Körper aufgenommen, der Abfall als fester Darmkot ausgeschieden. Die wichtige bakterielle Aufspaltung der Zellulose aus der Nahrung übernimmt der relativ lange paarige Blinddarm. Blinddarmkot ähnelt einem »Senfklecks« und riecht unangenehm.
Besonders schwer verdauliches genau wie sehr reichlich aufgenommenes Futter wird zuerst im Kropf gespeichert. Hier wirken Speichel und wohl auch nach oben beförderter Magensaft vorverdauend, bevor alles nach und nach in den Magen gelangt.

Das richtige Futter

Die frei lebenden Vorfahren unserer Haushühner ernähren sich von Sämereien (Körnern), Würmern, kleinen Schnecken, Insekten, Insektenlarven und viel Grünzeug. Dieses vielseitige Futter enthält alles, was die Tiere brauchen: Kohlehydrate, Fette, pflanzliches und tierisches Eiweiß, Mineralstoffe und Vitamine. Unsere domestizierten Hühner haben die gleichen Bedürfnisse und es ist gesund, wenn sie einen Teil ihrer Nahrung selbst suchen. Der Trieb dazu ist vorhanden – man muß sie nur lassen. Hierher gehört auch das Scharren – bei Hennen ausgeprägter als bei Hähnen, weil sie (ursprünglich) auch für ihre Küken sorgen (zeigen und locken).
Bei immer gleichbleibendem Angebot aus Grundfutter, tierischem Eiweiß, Mineralstoffen und Grünzeug stellen sich Hühner die jeweils passende »Diät« selbst zusammen. Gefährlich wird es nur, wenn das eine oder andere längere Zeit gefehlt hat. Dann überfressen die Tiere sich leicht am lang Entbehrten. Zwerghühner sind genügsam; sie werten ihr Futter besonders gut aus und kommen deshalb mit geringen Mengen zurecht.

Allgemeine Regeln für die Fütterung

Wasser soll frisch, von guter Qualität und nicht zu kalt sein. Fertigfutter ist nach Ablauf des Verfalldatums nicht mehr brauchbar. Futtervorräte halten nur, wenn sie luftig, kühl und trocken aufbewahrt werden, in Räumen ohne starke Staubentwicklung und für Mäuse unzugänglich (Krankheitsüberträger!). Verschmutztes oder naß Gewordenes werfen Sie bitte weg; Futter- und Wassergefäße sind täglich zu säubern.
Wichtig ist die Beobachtung des Futterverbrauchs. Wenn am Morgen oder Abend kein Körnchen mehr im Napf ist, haben Sie zu wenig, wenn relativ viel übrig bleibt, zuviel gegeben. Sie werden die richtige Menge bald herausfinden und beispielsweise berücksichtigen lernen, daß bei niederen Temperaturen mehr energie-(wärme-)spendende Körner aufgenommen werden als bei warmem Wetter.
Umstellung von einer Futterart auf eine andere bekommt den Tieren nur, wenn man langsam vorgeht. Geben Sie vier Tage drei Viertel der gewohnten und ein Viertel der neuen Nahrung, vier Tage jedes Futter zur

Hälfte und weitere vier Tage nur noch ein Viertel der alten Nahrung, bevor ganz umgestellt wird. Wenn die Zwerghühner in der ersten Zeit schlecht fressen, lassen Sie sich noch länger Zeit.
Als Kleinhalter beobachtet man seine Tiere und berücksichtigt gern besondere Vorlieben. Daß Fettfüttern ebenso wie einseitiges Angebot, Gewürztes, Gesalzenes und Gezuckertes, was wir Menschen schätzen, schädlich sind, brauche ich sicher nicht zu erklären.

Ernährung und Füttern der Küken

Küken zehren bis 24 Stunden nach dem Schlupf vom Rest des Eidotters (→ Seite 43). Ruhe und Wärme sind jetzt viel wichtiger als Nahrung.
Wenn sie beginnen, hungrig zu werden, pikken sie – noch etwas ziellos – in der Streu. Dann ist Zeit für die erste Fütterung. Weil nicht alle Küken zur gleichen Zeit schlüpfen – es gibt Unterschiede bis zu zwei Tagen –, haben nicht alle zugleich ersten Appetit. Sie müssen deshalb öfter nachsehen.
Vor der ersten Fütterung sollten die Küken trinken, reines, frisches, lauwarmes Wasser aus einem flachen Gefäß, am besten gleich aus der Küken-Stülptränke. Meist müssen Sie die ersten Male jedes Schnäbelchen ins Wasser tunken, darauf achten, daß das Küken auch schluckt – mit erhobenem Köpfchen – und ihm Zeit dazu lassen. Leider dauert es oft zwei bis drei Tage bis zur selbständigen Wasseraufnahme (→ Seite 47). Manchmal zeigt die Glucke das Trinken, aber ich habe es kaum erlebt.
Grundfutter: Küken brauchen sehr eiweißreiches Futter, das zudem reichlich Mineralstoffe und Vitamine enthält. Dafür gibt es verschiedene Möglichkeiten. Meist gibt man in den ersten Wochen Küken-Alleinfutter (Kükenkorn K), das während der ersten drei Lebenswochen in der Kaffeemühle oder mit einem Kartoffelstampfer für die Winzlinge noch weiter zerkleinert werden muß. Es enthält neben den erwähnten Bestandteilen Antibiotika und Kokzidiostatika; sie sollen Krankheiten verhüten helfen. Bei gesunden Elterntieren, wenigen Hühnern und sehr sauberer Haltung kann man darauf verzichten.
Teuer, aber für wenige Küken durchaus erschwinglich und sehr gut ist Fasanenaufzuchtfutter. Das mit »I« bezeichnete Futter gibt man in den ersten drei Wochen, »II« bis zur achten oder neunten Woche, nun vermischt mit Fasanengrütze und Futterhaferflocken.
Ich füttere meine eigene Mischung, bisher mit Erfolg. Sie besteht zur Hälfte aus Fasanenaufzuchtfutter, dazu kommen Kükenkorn K und Futterhafterflocken (beides zuerst fein zerbröselt) zu gleichen Teilen. Ab Ende der zweiten Woche mische ich, langsam gesteigert, Fasanengrütze oder etwas Kanarienfutter unter.
Wenn Sie in den ersten Fütterungstagen der Glucke die zurechtgemachte Nahrung hinhalten, lockt sie, »pickt vor« und reicht den Küken kleine Bissen mit dem Schnabel. Die verstehen ihre Mutter sofort und lernen viel rascher fressen, als wenn ein Mensch es ihnen zeigt.
Grünfutter: Vom vierten Tag an bekommen Küken regelmäßig Grünfutter: Blätter von jungen Brennesseln, Melde, Löwenzahn, dazu Vogelmiere, Gartenkresse, etwas Schnittlauch und Gras – alles fein gehackt.
Vielleicht lassen Sie einfach in einer Gartenecke etwas Löwenzahn, Brennesseln und Vogelmiere stehen. Sie können das alles aber auch genau wie Gartenkresse in Kistchen säen. Samen gibt es im Fachgeschäft, bei Bornträger, 6521 Offstein und bei Sperling, Postfach 2640, 2120 Lüneburg. Brennessel und Löwenzahn immer wieder beschneiden, damit junge zarte Blätter nachtreiben. Ab der

zweiten Woche können Sie auch gehackte Blumenkohlblätter geben (keinen anderen Kohl). Kapuzinerkresse, Schnittlauch, Knoblauch und Zwiebelgrün, in kleinen Mengen fein gehackt vorgesetzt, wirken innerlich desinfizierend und vorbeugend gegen Krankheiten.
Futterzusätze: Stellen Sie von der zweiten Woche an in einer besonderen Schale Vogelsand zur beliebigen Aufnahme dauernd zur Verfügung. Ich mische außerdem täglich eine Prise Vitakalk ins Futter (aufs Verfalldatum der Vitamine achten).
Futterzeiten: In der ersten Woche bekommen Küken alle zwei bis zweieinhalb Stunden Futter und Wasser für reichliche 10 Minuten hingestellt. Wer dabei bleibt, merkt sofort, wenn ein Tier weniger lebhaft ist, weniger Nahrung aufnimmt oder – Alarmzeichen! – Durchfall hat (→ Seite 31). Ich füttere die Kleinsten zwischen 6 und 16 Uhr alle zwei Stunden. Danach halten sie mit dick gefüllten Kröpfchen bis zum anderen Morgen aus. Spätaufsteher können um 7 Uhr anfangen und um 17 Uhr aufhören, aber anders geht es nicht. Hühner sind Tagtiere.
Von der zweiten Woche an genügen Abstände von drei Stunden. Die letzte Mahlzeit gibt es nun etwa um 17 Uhr. Kot entferne ich immer gleich während oder direkt nach der Fütterung (mit Küchenpapier »von Hand«). Von der dritten Woche an können Sie das Futter dauernd zur Verfügung stellen, wenn der Platz so bemessen ist, daß die Glucke beim Scharren nichts verschleudert und wenn Sie geeignete Gefäße (→ Seite 18) verwenden. Letzte Mahlzeit nun etwa um 18 Uhr.

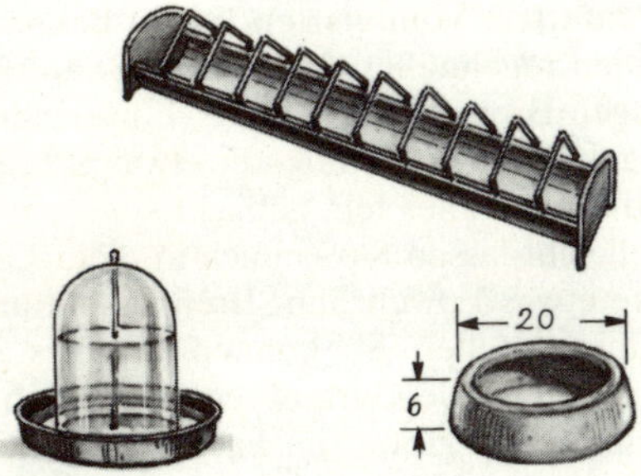

Kükenfuttertrog; Futternapf aus Keramik; Stülptränke, für Küken und erwachsene Zwerghühner geeignet.

Futter für Jungtiere

Grundfutter: Jungtiere erhalten meist ab der neunten Woche Junghennenalleinfutter (Umstellung → Seite 23) und ab der zwölften Woche zusätzlich gemischtes Körnerfutter: Gersten- und Weizenkörner mit Bruchmais, Garnelen oder Garnelenschrot und Muschelgrit. Gerste soll überwiegen. Bei reiner Weizenfütterung (Weizen enthält kein Eiweiß!) kommt es oft zu schweren Gesundheitsstörungen.
Ich füttere bis zur neunten Woche meine Mischung aus Fasanenaufzuchtfutter II, Fasanengrütze, Kükenkorn K und Haferflocken und gebe dann täglich etwas gemischtes Körnerfutter dazu. Die völlige Umstellung auf diese Erwachsenenkost soll zwischen der 20. und 24. Woche geschafft sein.
Eiweißfutter: Außer pflanzlichem ist täglich etwas tierisches Eiweiß nötig. Außer dem, was in Fasanenfutter und Kükenkorn enthalten ist, gebe ich von der neunten Woche an täglich einen gehäuften Eßlöffel Katzendosenfutter (reicht für 8 Jungtiere) oder etwas Mager-Dickmilch und Mager-Quark.
Grün- und Zusatzfutter: Jungtiere benötigen beides – wie Küken. Als zusätzliche Futterpflanzen (→ Seite 24) kommen jetzt Spinat, Mangold und Sauerampfer dazu, neben allem, was im Auslauf wächst. Grit und grober Sand sind obligatorisch, Vitakalk und etwas zerbröselter »Taubenkuchen« (Mineralstoffmischung) dienen der Mineralstoffversorgung.

Futter für erwachsene Zwerghühner

Grundfutter: Erwachsene Zwerghühner bekommen gemischtes Körnerfutter wie die Jungtiere – im Winter zur Beschäftigung einen Teil davon in die tadellos saubere Einstreu. Außerdem geben Sie in der kalten Jahreszeit täglich etwas (keimfähiges!) Waldvogelfutter mit fetthaltigen Samen, einen knappen Teelöffel pro Tier. Sie können auch die normale Futterration mit etwas gutem Speiseöl oder Lebertran vermischen, so, daß nach Umrühren alles gerade leicht benetzt ist. Täglich frisch mischen, Reste unbedingt wegwerfen! Fett hilft den Zwerghühnern, sich besser warm zu halten.
Grünfutter: Sie bekommen dasselbe Grün wie Jungtiere, dazu im Winter Chicoree und Endivie, die man im Garten anbauen und für einige Zeit lagern, aber auch bis zum Frühjahr kaufen kann (eventuell in Grünfutterkörben aufhängen). Säen von Hafer, Weizen oder Gerste ist gut, wenn ein bewachsener Auslauf fehlt oder schnell begrünt werden soll. Im Winter sät man diese Getreide, aber auch Vogelmiere oder Gras in erdgefüllte Kistchen und stellt sie zum Picken hin, sobald die Pflänzchen 5 cm hoch sind. Die Halme können auch samt Wurzeln herausgerissen und zerkleinert gegeben werden. Die Keimtemperatur muß etwa 15 °C betragen (Saat im Kleingewächshaus oder in der Wohnung).
Zur Ergänzung der winterlichen Grünkost eignet sich gutes, trocken gelagertes (duftendes), zerkleinertes Heu aus Brennesseln oder Klee in kleinen Mengen.
Eiweißfutter: Hier gilt das gleiche wie bei den Jungtieren, die Menge wird nur entsprechend erhöht. Mager-Dickmilch und Quark im Winter höchstens lauwarm (zimmerwarm) geben.
Zusatzfutter: Vitakalk und »Taubenkuchen« bekommen auch die Großen. Außerdem sollten Sie während der Wintermonate, möglichst aber auch in der Lege- und Brutperiode und während der Mauser einmal wöchentlich Vitamintropfen nach Vorschrift ins Trinkwasser geben, beispielsweise Vitacombex. Ein halber Teelöffel auf ¼ l Wasser, die ungefähre Tagestrinkmenge für 6 Tiere, genügt. Was nach 24 Stunden nicht ausgetrunken ist, schütten Sie bitte fort.

Futtermengen und Trinkwasserbedarf

Futtermengen lassen sich nicht angeben, weil sie je nach Rasse, Alter und Entwicklungsstand, Beanspruchung der Tiere durch Legen, Brut, Mauser und durch die Außentemperatur (Kälte) unterschiedlich sind. Im Sommer haben sie auch etwas mit der Art der Haltung – Möglichkeit zusätzlicher Futtersuche oder nicht – zu tun. Ohne eigene Beobachtung geht es also nicht (→ Seite 24).
Der Trinkwasserbedarf in Millilitern ist doppelt so hoch wie das aufgenommene Trockenfuttergewicht in Gramm. Abweichungen von dieser Regel ergeben sich vor allem durch unterschiedliche Temperaturen, aber auch durch reichliche Eiweißkost (Mehrverbrauch) oder viel Grünfutter (geringerer Verbrauch). Im Winter geben Sie das Wasser bitte immer leicht erwärmt (eventuell auf Tränkenwärmern, → Seite 70).

Urzwerge und Zwerge mit Haube. ▷
Oben links: Federfüßiges Zwerghuhn, porzellanfarben, Henne; oben rechts: Chabo, schwarz mit weißen Tupfen (Butschi), Hahn; Mitte links: Zwerg-Holländer-Weißhaube, blau, Henne; Mitte rechts: Antwerpener Bartzwerg, wachtelfarbig, Hahn; unten links: Rhulaer Zwergkauler, schwarz mit weißen Tupfen, Henne; unten rechts: Deutsches Zwerghuhn, wildfarben, Henne.

Wenn Zwerghühner krank werden

Wie Sie Krankheiten vorbeugen

Vorbeugen durch sorgfältige Pflege ist besser als heilen. Das Wichtigste zu diesem Thema habe ich hier zusammengefaßt:

- Infektionen erfolgen vor allem über den Kot. Deshalb ist häufiges Säubern von Stall und eingezäuntem Auslauf so notwendig wie tägliche Reinigung aller Futter- und Trinkgefäße (→ Seite 18 und 19). Weil viele Keime in feuchter Umgebung besonders lange lebensfähig bleiben, ist trockene, aber nicht staubende Einstreu, trockene Umgebung des Stalles, kipp- und planschsichere Aufstellung der Trinkgefäße (→ Seite 19) so wichtig.
- Vollwertige Fütterung (→ Seite 23) auch im Winter macht Zwerghühner widerstandsfähiger. Mangel- und Stoffwechselkrankheiten kommen bei richtig gefütterten Tieren überhaupt nicht vor.
- Erfrierungen sind ein Zeichen unsachgemäßer Haltung. Für Abkühlungsexperimente eignen sich die aus warmen Gebieten Asiens stammenden Tiere auch nach langer Eingewöhnung nicht (→ Seite 50). Bei Regen und Nässe genau wie bei Temperaturen um 0° C gehören sie in den temperierten Stall. Geschwächte oder kranke Tiere brauchen Temperaturen um 20° C.
- Naßwerden des Gefieders kann wie andere Streßfaktoren (Überhitzung, Hunger, Durst) zum Ausbruch von Krankheiten führen, die sonst nicht auftreten würden. Hühner müssen deshalb immer die Möglichkeit haben, sich bei Regen in den Stall oder eine völlig gegen Nässe und Wind abgeschirmte Ecke (überdachte, umgebaute Terrasse) zurückzuziehen. Auch dann muß man nach ihnen sehen, weil sie nicht immer »vernünftig« reagieren. Ich weiß von einem Hahn, der im Regen draußen blieb, sich stark erkältete und anschließend eine Leberentzündung bekam. Auch der Tierarzt konnte nicht mehr helfen. Und eine meiner Hennen setzte sich ausgerechnet im Gewitterregen auf Eier, die sie unbemerkt gut versteckt gelegt hatte. Bevor ich das völlig durchnäßte Tier in den Stall brachte, trocknete ich es vorsichtig in einem großen Frotteehandtuch auf meinem Schoß. Am nächsten Tag wäre es ohne diese Hilfe wahrscheinlich schwer krank gewesen. Mehrere Hühner kann man nicht frottieren. Sie werden in einen auf etwa 20° C erwärmten Raum gebracht, in trockene Streu gesetzt und erst mehrere Stunden nach völligem Trocknen wieder in den Stall. Föhnen ist nicht zu empfehlen, weil die Tiere dadurch leicht in Panik geraten.
- Zugekaufte Zwerghühner schleppen manchmal unbemerkt Parasiten oder Krankheitserreger ein. Deshalb sollten Sie Neulinge grundsätzlich wenigstens zwei Wochen lang getrennt von den anderen unterbringen, sie genau beobachten und Kotproben untersuchen lassen. Erst wenn Sie sicher wissen, daß alles in Ordnung ist, lassen Sie sie zu den Eingesessenen. Auch dann bitte in der ersten Zeit achtsam sein, damit es bei den unvermeidlichen Rangkämpfen keine ernsthaft Verletzten gibt.
- Kotproben sollten Sie regelmäßig zweimal jährlich (Januar und Juli/August) untersuchen lassen. Dabei kann der Kot zusammen gehaltener Tiere gemischt sein, weil immer alle behandelt werden müssen, wenn eins befallen ist (Ansteckungsgefahr). Fällt aber ein Zwerghuhn besonders auf, packen Sie den Kot extra und versehen das Päckchen mit Namen oder Zeichen. Wickeln Sie den Kot in Alufolie,

◁ Zwerghuhn-Familien.
Oben: Zwerg-Jokohama – Hahn (Mitte) mit zwei Hennen und Küken, links neben dem Hahn ein Paduaner-Küken; unten: Zwerg-Holländer-Weißhauben – Hahn (vorne) und Hennen.

stecken ihn in eine dicht schließende Metall- oder Plastikdose und erst dann in einen festen Umschlag. Post und Empfänger werden das zu schätzen wissen. Nicht vergessen: Absender, Zahl und Alter der Zwerghühner.
Wenn Ihr Tierarzt keine Kotuntersuchungen durchführt, kann er Ihnen Adressen nennen (Vogelklinik, Tierklinik). Sie bekommen schriftlich Bescheid, können das Ergebnis aber auch telefonisch erfragen. Bei Befall müssen Sie mit Hilfe des Tierarztes gezielt etwas gegen die Schädigung unternehmen. Ob zwischen den angegebenen Terminen untersucht werden muß, merken Sie bei guter Beobachtung selbst.

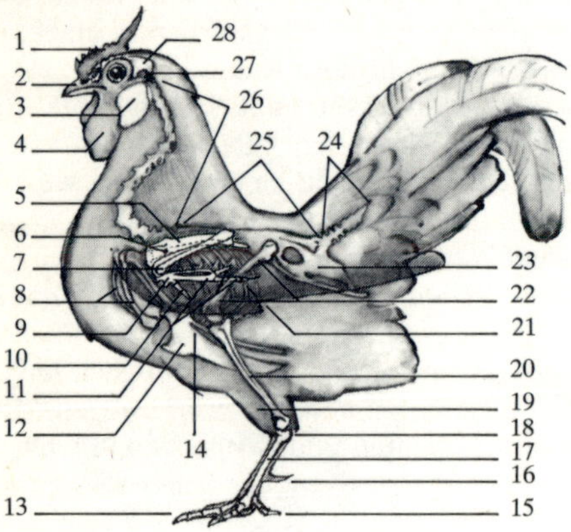

Körperteile und Knochenbau des Zwerghuhns: 1 Kamm, 2 Schnabel, 3 Wangenlappen, 4 Kinnlappen, 5 Oberarmknochen, 6 Schulterblatt (verdeckt), 7 Unterarmknochen (Elle und Speiche), 8 Gabelbein, 9 Handwurzelknochen, 10 Daumenknochen, 11 Mittelband- und Fingerknochen, 12 Brustbeinkamm, 13 Knochen der drei vorderen Zehen, 14 Brustbein, 15 Knochen der Hinterzehe, 16 Sporn, 17 Laufknochen, 18 Ferse (Hacke), 19 Hose, 20 Unterschenkelknochen, 21 Rippen, 22 Oberschenkelknochen, 23 Becken, 24 Schwanzwirbel, 25 Rumpfwirbel, 26 Halswirbelsäule, 27 Ohr, 28 Schädelknochen.

● Der Katalog der wichtigsten Krankheitszeichen auf Seite 31 soll Ihnen helfen, schon *vor* der Kotuntersuchung Haltungsfehler zu erkennen und abzustellen, beziehungsweise sich beizeiten an den Tierarzt zu wenden.

Die jährliche Mauser

Wenn Ihre Zwerghühner am Ende des Sommers viele Federn verlieren, erschrecken Sie nicht: Mauser ist keine Krankheit. Federn sind nach Abschluß ihres Wachstums tote Gebilde und der natürlichen, nicht rückgängig zu machenden Abnutzung unterworfen. Sie müssen in regelmäßigen Abständen ersetzt werden. Das geschieht bei der Mauser. Beim ausgewachsenen Huhn ist einmal im Jahr, normalerweise im Spätsommer oder frühen Herbst, Mauserzeit. Der Ersatz des Kleingefieders an Körper und Kopf zieht sich über mehrere Wochen hin. Dabei folgt dem Ausfallen der alten gleich das »Nachschieben« der neuen Federn, so daß nie nackte Stellen entstehen. Schwung- und Steuerfedern an Flügeln und Schwanz, das sogenannte Großgefieder, wird nach und nach in bestimmter Reihenfolge gewechselt. Die Flugfähigkeit bleibt dadurch auch in dieser Zeit erhalten. Verständlicherweise strengt die Neubildung aller Federn an und ist deshalb eine Zeit erhöhter Krankheitsanfälligkeit. Wirklich gut gepflegte und vollwertig ernährte Hühner überstehen diese Zeit aber ohne Schaden. (Während der Mauser legen Hennen keine Eier, Hähne treten nicht.)
Junge Hühner wechseln im ersten halben Lebensjahr gleich zweimal die Federn: zuerst ersetzen Jugendfedern die Daunen, danach das Erwachsenengefieder die Jugendfedern!
Behandlungen gegen Parasiten sollten nicht während der Mauser durchgeführt werden, weil das unter Umständen die Bildung eines vollständigen Federkleides stört.

Katalog der wichtigsten Krankheitszeichen

Anzeichen	Mögliche Ursachen
Aufplustern des Gefieders; Zusammenrücken bei Küken	Frieren durch zu niedrige Temperaturen oder Fieber (normale Körpertemperatur 41,5° C)
Verminderung oder Verweigerung von Futter- und Wasseraufnahme	Schlecht schmeckendes oder verdorbenes Futter (Wasser), beginnende Infektionskrankheit, Trennung von Bezugspersonen, Stallgefährten und gewohntem Stall
Mauser zur Unzeit	Überstandene schwere Krankheit
Struppiges, glanzloses Gefieder	Falsche Ernährung, Haltungsfehler, Krankheit, Parasiten, Streß
Federfressen, »Kannibalismus«	Langeweile durch zu enge Haltung; falsche, einseitige Fütterung
Husten	Zuviel Staub durch falsche Einstreu, verschmutzter Stall mit Ammoniakbildung, feuchte Kälte, Zugluft, durchnäßtes Gefieder oder länger andauernde Temperaturen unter 0° C
Schnupfen mit »Rotzkragen«, durch Nasenschleim verklebtes Halsgefieder, Tränenfluß, »Eulenkopf«-Aussehen	Erkältung und andere Ursachen wie bei Husten, ansteckender Hühnerschnupfen
Atmen mit geöffnetem Schnabel	Zu hohe Temperaturen im Stall, beim Transport beziehungsweise im Auslauf (kein Schatten), Fieber
Starke Atemnot mit langgestrecktem Hals, »Schwanzatmung« (Mitgehen des Schwanzes bei jedem Atemzug)	Überhitzung durch hohe Außentemperaturen mit Luftmangel oder hohes Fieber
Bei den folgenden Krankheitszeichen fragen Sie unbedingt den Tierarzt:	
Deutliche, mehr oder weniger rasselnde Geräusche beim Atmen	Entzündung oder Reizung von Kehlkopf und Luftröhre durch Luftröhrenwurm
Lahmheit mit Schmerzempfinden	Bruch oder Prellung
Lahmheit ohne Schmerzempfinden	Mareksche Krankheit
Verdrehen des Kopfes nach hinten, unkoordinierte Bewegungen, Zittern	Salmonellose, Vitamin-E-Mangel, verdorbenes Futter, Schmarotzer
Geformter Kot in Flüssigkeitslache	Geschädigte Niere
Frisches Blut im Kot	Blutungen im Bereich des Enddarms
Braunrote Verfärbungen im Kot mit schleimigen Beimengungen	Blutungen im Magen-Darm-Bereich
Grasig-grüner Kot	Geschädigte Leber
Sehr weicher bis flüssiger Kot (nicht zu verwechseln mit Blinddarmkot)	Leberentzündung, Kokzidiose, Toxoplasmose, Mykotoxin-Aufnahme durch verdorbenes, verschimmeltes Futter
Durchfall mit kalkweißem Kot	Weiße Kükenruhr
Unruhe, dauerndes Kratzen und Putzen mit Krallen und Schnabel, Blässe von Gesichtshaut und Kopfanhängen	Befall durch Flöhe und Milben
Scheu vor dem Stall	Verseuchung des Stalles durch die Rote Vogelmilbe

Erste Behandlungsmaßnahmen

Gegen leichte Gesundheitsstörungen können Sie versuchsweise selbst etwas unternehmen:

- Gegen beginnenden Durchfall Enterotek-nosal (Apotheke) ins Trinkwasser geben, Luvos Heilerde (Reformhaus) übers Futter streuen, statt Wasser lauwarmen Kamillentee zum Trinken hinstellen.
- Bei leichten Erkältungen halten Sie die Zwerghühner wärmer (bei 18 bis 20° C) und prüfen, ob im Stall alles trocken und zugfrei ist (bei ausreichender Lüftung). Manchmal hilft Bestrahlen mit einer Infrarotlampe.
- Leichtere Verletzungen (nicht am Auge) desinfizieren Sie mit Merfen-Orange (Apotheke), das nicht brennt, und warten, bis es getrocknet ist, bevor Sie den Patienten laufen lassen.
- Wenn irgendeine Krankheitserscheinung (→ Krankheitszeichen, Seite 31) mit falschen Haltungsbedingungen erklärt werden kann, sorgen Sie rasch für Abhilfe!
- Helfen Ihre Maßnahmen nicht innerhalb von 1 bis 2 Tagen so, daß eine deutliche Besserung zu merken ist, brauchen Sie den Tierarzt! Mit 3 oder 4 Hühnern können Sie vielleicht in die Sprechstunde fahren. Sonst müssen Sie um einen Besuch bitten. Hat man viele Tiere, ist das immer nötig.
- Verdächtiger Kot sollte unbedingt untersucht werden, damit gezielte Behandlung möglich ist. Hält der Tierarzt zusätzliche Untersuchungen für nötig, sagt er es Ihnen.
- Vom Tierarzt verordnete Medikamente sind genau in der angegebenen Dosierung und während des vorgeschriebenen Zeitraums einzugeben (sonst Nebenwirkungen möglich).

An Kokzidiose erkrankte Küken werden durch Durchfall so stark geschwächt, daß die meisten sterben.

Häufiger vorkommende Hühnerkrankheiten

(Häufiger bei Massenhaltung, Unsauberkeit, unsachgemäßer Pflege, kranken Elterntieren).

Kokzidiose
Die Infektion erfolgt immer durch Aufnahme von Kot mit der Nahrung in unsauberen und (oder) feuchten Ställen und Ausläufen. Die Folgen sind unterschiedlich, weil abhängig von Alter und Widerstandsfähigkeit der Hühner, Haltungsdichte (zu viele Tiere auf zu engem Raum), zusätzlichen Belastungen wie Hitze, Kälte, Mangelernährung, Mauser.
Anzeichen: Mattigkeit, struppiges Gefieder, Durchfall, verklebte Kloake.
Vorbeugung: Gute Haltungsbedingungen; während der Aufzucht Futtermittel mit Zusätzen, die Wachstum und Vermehrung der Kokzidien bremsen (Kokzidiostatika), zumindest in großen Beständen.
Behandlung: Mit Sulfonamiden (Eleudron) und anderen Mitteln gegen Kokzidien in vom Tierarzt festgesetzter Dosierung und Zeit. In Behandlungspausen zusätzlich Vitamin B.

Infektiöse Leberentzündung
Der Erreger kommt auch bei anderen Vogelarten vor. Hühner nehmen die Keime meist schon im Kükenalter mit erregerhaltigem Kot auf. Zum Krankheitsausbruch kommt es aber immer erst durch verminderte Widerstandsfähigkeit der Tiere (falsche Haltung, Erkältung, Überhitzung, Streß aller Art).
Anzeichen: Mattigkeit, Teilnahmslosigkeit, Kammrückbildung, Durchfall.
Vorbeugung: Gute Haltungsbedingungen, Ausschaltung von Streßfaktoren.
Behandlung: Vom Arzt zu verordnende Medikamente über Futter oder Wasser, aber auch hochdosiertes Streptomycin, das der Tierarzt spritzt.

Mareksche Krankheit
Die Viruskrankheit kommt immer wieder einmal vor (meldepflichtig).
Anzeichen: Junge Hühner haben meist einseitige Lähmung der Beine oder (und) Flügel, erwachsene plötzliche Störungen des Bewegungsablaufs an Beinen und Flügeln, die sich aber in anderer Umwelt oft nach wenigen Tagen zurückbilden.
Vorbeugen: Eier befallener Eltern künstlich ausbrüten und die Eintagsküken vom Tierarzt impfen lassen, sie bleiben dann gesund. Elterntiere schlachten und nach gründlicher Stalldesinfektion mit den Jungen neu beginnen.
Behandlung: Keine Möglichkeit.

Weiße Kükenruhr, Hühnertyphus
Erreger kommen in Erde, Einstreu und Staub vor, sie bleiben monatelang lebensfähig. Ansteckung der Küken über infizierte Elterntiere, die nicht krank wirken, ist häufig. Sie sind in den ersten Lebenstagen besonders anfällig. Ältere Hühner werden in der Regel nur bei geschwächter Widerstandskraft krank.
Anzeichen: Schlechte Schlupfergebnisse, bei jungen Küken Durchfall mit kalkweißem Kot, Atemnot und hoher Sterblichkeitsrate. Ältere Hühner leiden unter Durchfall, sind matt und magern bei längerer Krankheitsdauer ab.
Vorbeugung: Neuzugänge und Elterntiere auf Erreger untersuchen lassen. Befallene Hühner sollten geschlachtet oder vom Tierarzt getötet werden.

Pillen legt man einzeln auf den hinteren Teil der Zunge und hält dann den Schnabel zu, bis das Tier geschluckt hat.

Behandlung: Es gibt keine Mittel, um erregerfreie Bestände zu erreichen, wenn die Krankheit einmal da ist. Vom Tierarzt verordnete Chemotherapeutika können oft nur die Krankheit bessern und den Tod verhüten.

Ansteckender Hühnerschnupfen, »Pips«
Bakterielle Krankheit, eher bei älteren Tieren als bei jungen.
Anzeichen: »Rotzkragen«, »Eulenkopf«, unangenehm-süßlicher Geruch, Verklebung der Nasenöffnungen mit Eintrocknung der Schleimhäute, auch auf der Zunge. Krankheitsdauer 2 bis 3 Wochen.
Vorbeugung: Quarantäne für Neuzugänge, Desinfektion des Stalls.

Behandlung: Mit Antibiotika und Vitamin A vom Tierarzt. Abziehen der trockenen Zungenhaut, früher üblich, hilft nichts und ist Tierquälerei! Zungenhaut normalisiert sich nach Ausheilung der Krankheit.

Tuberkulose
Bakterielle Erkrankung, die meist nur bereits geschwächte Tiere befällt (meldepflichtig).
Anzeichen: Abmagerung, struppiges Gefieder, in fortgeschrittenem Stadium Lahmheit.
Vorbeugung: Gute Haltung und Pflege, Sauberkeit, vollwertige Ernährung.
Behandlung: Wird wegen zu langer Dauer und zu hoher Kosten nicht durchgeführt.

Innenparasiten

Es gibt verschiedene Wurmarten, die auch bei besten Haltungsbedingungen vorkommen, weil sie durch wichtige Futtertiere (Schnekken, Käfer, Rasenwürmer) der Zwerghühner übertragen werden. (Auch deshalb ist regelmäßige Kotuntersuchung zweimal jährlich nötig.) Diese Schmarotzer schaden den Hühnern, weil sie sich samt zahlreicher Nachkommen auf deren Kosten ernähren.
Spulwürmer, 4 bis 10 cm lang, kommen im Dünndarm vor. *Pfriemenschwanzwürmer,* 11 bis 13 mm lang, leben im Blinddarm. *Haarwürmer,* 1 bis 5 cm lang, leben in Kropf, Schlund, Dünndarm und Blinddarm. Der *Luftröhrenwurm,* 0,5 bis 1,8 cm lang, lebt in der Luftröhre, die Hühner sind »heiser«.
Bandwürmer verschiedener Arten von unterschiedlicher Länge leben im Dünndarm.
Behandlung: Werden Würmer oder Wurmlarven festgestellt, verordnet der Tierarzt ein passendes Mittel.

Außenparasiten

Außenparasiten kommen in wirklich sauber gehaltenen Hühnerhaltungen kaum vor. Trotzdem ist es ratsam, von Zeit zu Zeit alle Hühner daraufhin anzusehen, in jedem Fall aber das Gefieder von Neuzugängen zu inspizieren. Tiere mit Federhauben *oft* kontrollieren!

Rote Vogelmilbe
0,3 bis 0,7 mm mit vier langen Beinpaaren; vermehrt sich rasch! Hält sich tagsüber an versteckten Stellen im Stall auf und befällt nachts die Hühner zum Blutsaugen.
Vorbeugen: Sauberhalten des Stalles, bei fälligem Stallgroßputz an alle möglichen Schlupfwinkel denken!
Behandlung: Einpudern der Hühner mit Alugan, öfter wiederholen. Desinfektion des Stalles (nach Säuberung) mit Alugan-Spray. Mittel nicht in Augen und an Schnabel bringen!

Federlinge
1 bis 5 mm lang mit deutlich abgesetztem Kopf, nähren sich von Feder- und Hautschüppchen. Sie beunruhigen die Zwerghühner durch dauerndes Jucken so, daß sie abnehmen und die Eierleistung nachläßt. Sie sitzen ständig im Gefieder.
Bekämpfung: Einpudern mit Alugan-Puder, öfter wiederholen. Nicht in Augen und an Schnabel bringen!

Flöhe
2 bis 3,5 mm lang mit seitlich abgeplattetem Körper, saugen Blut und beunruhigen die Hühner durch Juckreiz.
Vorbeugen: Lege- und Brutnester öfter kontrollieren und alle 2 bis 3 Wochen mit neuem Nistmaterial füllen.
Bekämpfung: Wie Federlinge (→ oben).

Fußräude-Milben
0,2 bis 0,5 mm mit vier Stummelbeinpaaren, die lebendgebärende Milbe hält sich dauernd auf Ständern (Beinen) und Zehen auf und saugt dort Blut.
Bekämpfung: Durch Baby- oder Salatöl, das aufgebracht wird und einzieht. Darunter ersticken die Milben innerhalb von 6 Wochen. Behandlung nach einer Woche wiederholen!

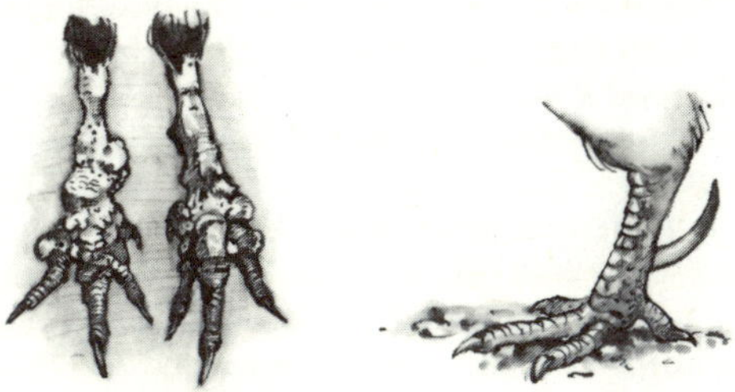

Links: Von Fußräude-Milben befallene Hühnerbeine (Kalkbeine). Rechts zum Vergleich: Gesundes Hühnerbein.

Lederzecke
3 bis 11 mm mit ovalem Körper, sitzt nur zeitweise auf den Hühnern und läßt sich fallen, sobald sie vollgesaugt ist.
Bekämpfung: Herausziehen der Zecken nach Auftragen eines Tropfens Speiseöl und zehnminütigem Einwirken. Der Kopf soll mit heraus, sonst entzündet sich die Stelle.

Fliegen
Stubenfliege: 3 bis 10 mm lang, Fleischfliege: 10 bis 15 mm, Schmeißfliege: 9 bis 13 mm; kommen vor allem in verschmutzten Ställen vor, belästigen dort die Zwerghühner und können Krankheiten übertragen. Fleisch- und Schmeißfliegen legen auch Eier oder lebende Maden in Verletzungen (Rangkämpfe).
Vorbeugung: Sauberhalten des Stalles, möglichst Verletzungen der Tiere verhindern.
Bekämpfung: Aufhängen von Fliegenfängern alter Art an für Zwerghühner unzugänglichen Stellen im Stall. Auswaschen von Wunden mit Reiwasser, danach bis zur Ausheilung mit Furacin-Streusol oder Fissan-Silberpulver (Apotheke) behandeln. Klaffende Wunden vom Tierarzt versorgen lassen!
Wichtig! Wenn Sie gegen Würmer (Innenparasiten) und Außenparasiten etwas unternehmen möchten: Gleichzeitige Behandlung ist nicht möglich, weil es dann durch die einander steigernden schädigenden Nebenwirkungen der Mittel zu Todesfällen kommt. Es ist sogar nötig, zwischen beiden Behandlungen einige Tage Pause einzulegen.

Stalldesinfektion

Nach *Krankheiten* oder *Parasitenbefall* sollte der Stall ganz ausgeräumt, gründlich mechanisch gesäubert (abkratzen, heiß abwaschen) und danach desinfiziert werden. Gegen Außenparasiten helfen Alugan-Spray, Club TGV 6 forte-Spray und Alugan-Pulver (1 Beutel in 10 l Wasser gelöst und mit einer von sonstigen Rückständen freien Spritze verteilt). Für Desinfektion nach Krankheiten durch Bakterien und Viren eignen sich Tego 51 (biologisch abbaubar) in 1 bis 3%iger Verdünnung, Tegodor 73 in 1 bis 2%iger Verdünnung, Lysovet V in 1%iger Verdünnung (1% = 10 g/l), mit Spritze verteilen. Bitte keine Säuberungsmittel untermischen, weil das die Wirkung beeinträchtigt. Zur gründlichen Desinfektion müssen Sie für rauhe Oberflächen 2 l des vorschriftsmäßig verdünnten Präparates auf 10 qm rechnen, für glatte Oberflächen 2 l auf 15 qm. Bei den angegebenen Mitteln kann der Stall nach Trocknung sofort wieder von den Tieren benutzt werden.

Zucht und Vermehrung

Überlegungen vor der Vermehrung

Wenn Sie eine Glucke brüten lassen und Küken aufziehen, einfach aus Freude daran, ist das, fachlich richtig ausgedrückt, Vermehrung, aber keine Zucht. Das gleiche gilt für Eier, die Sie ohne besondere Auswahl im Brutapparat erbrüten.
Bedenken Sie *vor* diesem Unternehmen, daß jede Glucke mit Küken Platz braucht, getrennt von den anderen (→ Seite 17), und daß es Zeit kostet, die kleine Familie richtig zu versorgen (→ Seite 24 und 41). Außerdem brauchen Sie, wenn Sie die Jungtiere nicht selbst behalten können, nach 10 bis 16 Wochen tierliebe, zuverlässige Abnehmer. Die jungen Zwerghühner sollen es ja nicht schlechter haben als bei Ihnen. Scheint das alles zu schwierig, lassen Sie die Glucke lieber drei Wochen »leer« sitzen, also ohne Eier, versorgen sie während der Zeit wie üblich und räumen dann das Nest weg. Sie wird noch einen Tag jammern, bald aber ihr normales Leben wieder aufnehmen. Eine andere Methode: Die Henne darf drei bis vier Tage brüten und wird danach – ohne Nest – in einen anderen Stall gesetzt. Das genügt meist, sie umzustimmen.
Manchmal empfohlene Zwangsmaßnahmen gegen unerwünschte Brutlust wie Einzelhaft in dunklen, womöglich von unten her zugigen Käfigen lehne ich ab, und nicht nur ich! Die Hennen leiden darunter und können sich zudem schwer erkälten.
Eine Bitte: Ziehen Sie auch als Vermehrer Küken von Elterntieren gleicher Rasse auf!

Voraussetzungen für die Zucht

Zwerghuhn-Rassezucht ist etwas anderes als Vermehrung. Hier werden kleine Zuchtgruppen zusammengestellt aus Tieren, die in Größe, Form und Färbung, Eierertrag und Vitalität genau dem Bild der jeweiligen Rasse und des jeweiligen Farbenschlags – dem Standard – entsprechen. Dazu gehört Erfahrung, die man nur langsam erwerben kann. Und ein nicht allzu kleines Grundstück mit besonders verständnisvollen Nachbarn. Geflügelzuchtanlagen, die man ähnlich wie Schrebergärten pachten kann, gibt es leider erst in wenigen Städten.
Sollten Sie sich zur Zucht entschließen, rate ich Ihnen, dem örtlichen Geflügelzuchtverein und möglichst auch dem Sonderverein für die Zucht Ihrer Rasse beizutreten. Über die Vereine bekommen Sie auf Wunsch Adressen von Züchtern, mit denen Sie Kontakt aufnehmen können. Das ist mindestens so wichtig wie gute Fachliteratur (→ Bücher, die weiterhelfen, Seite 70). Besuchen Sie außerdem die örtlichen und nationalen Geflügelschauen. Erst durch häufiges, genaues Sehen lernt man, das Typische einer Rasse erkennen, lernt, »gute« von »schlechten« Zwerghühnern im Sinn der Züchtung zu unterscheiden.
Reich ist durch Rassegeflügelzucht noch niemand geworden. Nicht nur Futter, Ställe und andere notwendige Einrichtungen kosten Geld, sondern auch »blutsfremde« Hühner oder Hähne, die Sie von Zeit zu Zeit brauchen, damit es keine Inzuchtschäden gibt oder um erwünschte Eigenschaften einzuführen. Vielleicht können auch Sie ab und zu ein paar wirklich gute Tiere zu angemessenen Preisen verkaufen – aber von »Reingewinn« läßt sich auch dann nicht sprechen.
Auch Preise sind selten; Auszeichnungen und Pokale gibt es nur für Spitzentiere. Das Her-

richten der Hühner vor der Ausstellung erfordert viel Zeit und Sorgfalt. Neulinge unterhalten sich darüber am besten einmal mit »alten Hasen«. Eine zeitgerechte Anmeldung ist nötig, und es ist Standgeld zu zahlen. Nach Möglichkeit sollte der Züchter den Transport selbst übernehmen, sich um Unterbringung und Versorgung selber kümmern, weil der Kontakt mit den gewohnten Pflegern die Streßsituation für die Tiere mildert.
Wieder zu Hause müssen die Ausstellungstiere einige Zeit von den anderen getrennt untergebracht und dann wieder mit ihnen zusammengewöhnt werden. Es könnte immerhin sein, daß sie sich erkältet haben, dadurch vielleicht andere Krankheiten zum Ausbruch kommen und alles erst auskuriert werden muß.
All das sollen Sie wissen, bevor Sie unter die Züchter gehen!

Das erste Ei und die Legeleistung

Je nach Rasse beginnen die Hennchen im Alter von 5 bis 6 Monaten zu legen. Fällt dieser Zeitpunkt in die dunkle, kalte Jahreszeit, muß man auf die ersten Eier meist bis zum Spätwinter warten.
Hennen legen oft 4 bis 6 Jahre gut. Danach wird die Eiproduktion geringer, obwohl gesunde Tiere durchaus einige Jahre länger legen, kräftige Küken erbrüten und aufziehen können. Immerhin beginnt mit etwa 7 Jahren langsam der Alterungsprozeß.
Das erste Ei ist meist normal groß, hat aber oft eine dünnere Schale als die späteren. Das erste Ei unserer Henne Emma, noch zu weichschalig, landete in der Streu des Stallbodens. Ich fand nur die Reste – alle drei Tiere hatten aus Neugier an diesem unbekannten Etwas herumgepickt. Nichts Besonderes – wenn es sich nicht wiederholt.

Bei uns stand schon am Abend des gleichen Tages ein in aller Eile gefertigter Legekasten zur Verfügung. Heu und Kurzstroh dienten als weiches Nistmaterial. Zur Festigung der Eierschalen gab es nun außer dem im Grundfutter enthaltenen Muschelgrit täglich Vitakalk samt ein paar Bröseln »Taubenkuchen« (Mineralstoffmischung). Von da an blieben die Eier unbeschädigt.
Die Legeleistung hängt ab von der Rasse, von den Elterntieren, von Unterbringung, Futter, Pflege und Jahreszeit und natürlich von der Gesundheit der Hennen. (Während Brut und Aufzucht der Küken, aber auch während der Mauser gibt es überhaupt keine Eier.) Jedoch auch weniger Greifbares kann Einfluß haben: Hühner, die zu einem anderen Halter wechseln, sich an neue Artgenossen oder auch nur an einen neuen Stall gewöhnen müssen, legen oft für einige Zeit weniger oder gar nicht.

Anzeichen für Legetätigkeit der Hennen

Körperpartien	positiv	negativ
Kopfanhänge	schwellend, stark durchblutet	zurückgebildet, blaß
Legebauch	vorgewölbt, weich, Haut zart, abhebbar	flach, straff; Haut derb
Kloake	groß, feucht, blaß	schrumpelig, trocken, rosarot

Paarungs- und Brutzeit

Natürlicherweise entstehen Paarungsstimmung und Brutverhalten vor allem im April/Mai. Im Winter lassen sie sich gezielt nur durch optimale Temperaturen (+ 15° C) und einen durch

elektrisches Licht auf 14 Stunden verlängerten Tag erreichen (→ Seite 14), wenn die übrigen Pflegebedingungen stimmen. Hennen brauchen zwei bis drei Wochen, bis sie auf optimale Bedingungen mit Eierlegen reagieren, Hähne reichlich fünf Wochen, bis sie paarungslustig sind und erfolgreich treten (befruchten). Eine Sache für Anfänger ist Zucht oder Vermehrung im Winter nicht!
Ohne besondere Maßnahmen beginnen Hennen meist Anfang Februar mit dem Legen (Ausnahmen → Seite 66), im März/April ist mit befruchteten Eiern zu rechnen.

Tretakt und Befruchtung

Der Hahn besitzt kein Begattungsorgan. Die Samen werden vom – während der Begattung ausgestülpten – Endabschnitt seiner Kloake in die ebenfalls vorgestülpte Kloake der Henne übertragen.
Weil vom Eisprung, bei dem die Befruchtung stattfinden muß, bis zum Legen etwa 28 Stunden vergehen, ist erst etwa zwei Tage nach erfolgreichem Treten mit einem befruchteten Ei zu rechnen. Überschüssige Samenzellen bleiben im Körper der Henne bis zu zehn Tagen lebendig und können weitere Eier befruchten.

Brütendes Seidenhuhn im Korb. Die meisten Hennen bevorzugen ein überdachtes Legenest.

Hähne sind 6 Jahre lang zum erfolgreichen Treten fähig, werden aber meist nur 2 Jahre zur Zucht eingesetzt.
Dem Hahn »unsympathische« Hennen werden nie getreten. Bei Zwerghähnen mit zu vielen Frauen, zwei bis drei sind ideal, lassen die Befruchtungsergebnisse meist zu wünschen übrig.

»Brütigkeit«

Wenn Sie eine Rasse haben, der das Brüten noch nicht weggezüchtet ist (→ Seite 66), werden Ihre Hennen nach mehr oder weniger langem Eierlegen »brütig«. Hühnereier sind schließlich nicht für uns, sondern für die Arterhaltung erfunden.
Brutlust erkennen Sie daran, daß Hennen nicht mehr im gewohnten melodischen Singsang »reden«, sondern fast nur noch in Locktönen, die schon den späteren Kindern gelten – sie »glucken«. Und sie kreischen, wenn der Hahn trotz dieser unmißverständlichen Äußerung balzt, ihnen Anträge macht oder nur ins Bruthäuschen (Legehäuschen) schaut, wo sie jetzt mit Ausdauer sitzen. Auch bekannte Menschen werden erst einmal angeschrien und mit dem Schnabel bedroht, wenn sie ins Nest schauen oder hineinfassen. Nur bei sehr zahmen Glucken gibt es keine Probleme.

Brüten lassen oder nicht?

Leider kann man Glucken nicht immer ihren Willen lassen. Das braucht nicht nur an fehlenden Abnehmern für die Küken zu liegen, es gibt noch andere Überlegungen.
Hühner kommen manchmal »ohne Rücksicht« auf die in unserem Klima passende Jahreszeit in Brutstimmung, nicht in den günstigsten Monaten April und Mai. Bei späteren Termi-

nen (Brutbeginn nach Mitte Mai) können Sie die Jungtiere zwar durch optimale Haltung noch so weit bringen, daß sie den Winter gut überstehen und im Frühjahr darauf zu legen beginnen, aber früher ist besser. Einfach weil die jungen Hühner dann den ganzen Sommer mit viel Licht, Wärme und frischem Grün vor sich haben.
Eine Ausnahme bilden bestimmte Rassen, die besonders lang zur Entwicklung brauchen und mit den entsprechenden Hilfen schon im Januar glucken und brüten (→ Seite 37). Aber das ist nichts für Anfänger.
Eine letzte Überlegung: Küken machen Arbeit, auch wenn sie eine gute Gluckenmutter haben. Das gilt vor allem bei beengten Platzverhältnissen, wie ich aus eigener Erfahrung weiß. Glucke und Küken müssen gesondert von den anderen Hühnern in einem warmen (18 bis 20° C) Raum leben können, wenigstens die ersten vier bis sechs Wochen, und einen besonderen Auslauf haben (→ Seite 17).
In der ersten Woche müssen Sie von früh an alle zwei Stunden füttern, später alle drei bis vier Stunden (→ Fütterung der Küken, Seite 24). Tägliches Saubermachen ist nicht zu umgehen und braucht seine Zeit. Bei warmem sonnigem Wetter gehören die Kleinen mit der Mutter ins Freie, vor Wind und vor Feuchtigkeit von unten geschützt. Sobald es kühl wird (unter 22° C) oder zu regnen beginnt, können sie nicht draußen bleiben. In diesem Fall kommt Herauslassen der Glucke zum Erholungsspaziergang, zum Entleeren und zum Sandbad – dreimal täglich – als Arbeit dazu. Haben Sie mehr als eine Glucke, dann kann meist nur eine nach der anderen ins Freie, weil es sonst böse Kämpfe gibt.
Wenn Sie keine Küken haben möchten oder wenn der Zeitpunkt der Brütigkeit zu spät liegt, halten Sie sich an die Ratschläge, die Sie auf Seite 36 finden. Wenn aber alle Voraussetzungen stimmen – der Termin, Ihre Bereitwilligkeit zur Mehrarbeit und zum mehrwöchigen Verzicht auf Eier, ausreichender Platz und tierliebe Abnehmer – darf die Glucke brüten.

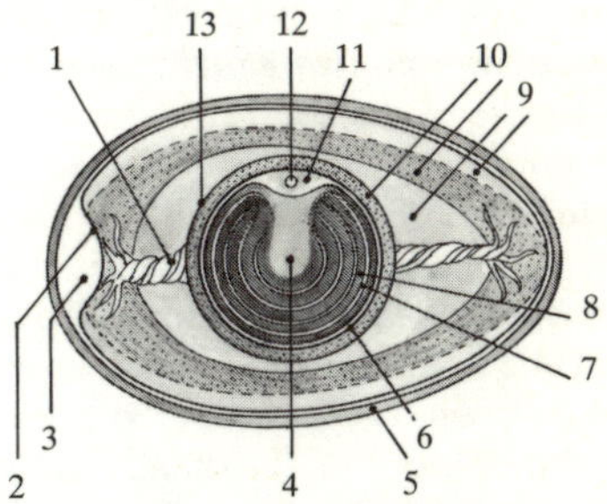

Aufbau eines gesunden Hühnereis: 1 Hagelschnur, 2 Schalenmembran, 3 Luftkammer, 4 Bildungsdotter, 5 Kalkschale, 6 Dottermembran, 7 Dotter weiß, 8 Dotter gelb, 9 Eiklar dünnflüssig, 10 Eiklar dickflüssig, 11 Keimscheibe, 12 Keimbläschen, 13 Eihaut.

Weil manche Hennen nach kurzer *»Scheinbrütigkeit«* die Eier im Stich lassen, legen Sie Bruteier erst unter, wenn die Glucke zwei Tage wirklich fest gesessen hat und nach dem täglichen Versorgen immer bald (nach etwa einer Viertelstunde) ins Nest zurückstrebt. Davor »leer« sitzen lassen oder überständige Eier (→ Seite 40) unterlegen.

Künstliche Brut

Künstliche Brut kommt zur Aufzucht weniger Küken selten in Frage. Sie benötigen dazu einen Brutapparat (auch mit kleinen sind gute Ergebnisse zu erzielen), außerdem Wärmplatte oder künstliche Glucke, Infrarotstrahler und Tränkenwärmer. Vor dem Kauf dieses Zubehörs können Sie vielleicht bei erfahrenen Züchterkollegen Rat einholen.

Kunstbrut erspart Ihnen zwar das »Gluckentheater«, bringt Sie aber um ein besonders schönes Erlebnis und zwingt Sie, sich selbst sehr intensiv um die Küken zu kümmern. Außerdem sollte jeder Anfänger unbedingt Erfahrungen mit der natürlichen Brut gesammelt haben, bevor er sich mit Kunstbrut befaßt.

Die Bruteier

Beginnen Sie Bruteier zu sammeln, sobald Sie die ersten Aktivitäten des Hahns bemerkt haben. Der Zeitpunkt dafür hängt von Helligkeit und Temperatur ab. In rauhen Gegenden und ungünstigen (Früh-)Jahren müssen Sie länger warten, es sei denn, Sie wärmen und beleuchten den Stall, wie es für die Winterbrut beschrieben wurde (→ Seite 38).
Die meisten Eier werden in der ersten Tageshälfte gelegt. Nehmen Sie jedes sobald wie möglich nach der Ablage aus dem Nest, die Henne meldet den Zeitpunkt unüberhörbar. Es wird gewogen und, wenn das Brutei-Mindestgewicht (→ Seite 64 f.) nicht unterschritten ist, mit Grammgewicht, Legedatum und Namen der Henne versehen. Zum Schreiben Bleistift verwenden, Kugelschreiber und Kopierstift könnten dem Keim schaden. Bleistift reibt sich zwar bei der Brut etwas ab, bleibt aber bis zum Schluß lesbar.
Außer zu leichten, sortieren Sie alle nicht normal geformten Eier aus. Entweder schlüpft hier nichts oder die Küken sind nicht lebensfähig. Auch Schmutzeier, die es bei gesunden Hennen und im sauber gehaltenen Stall kaum gibt, eignen sich nicht. Der Keim könnte durch die Schale hindurch infiziert werden.
Jede Glucke bekommt so viele Eier, daß sie sie völlig zudecken kann. Je nach Rasse rechnet man bei Zwerghühnern 8 bis 12 Stück. Bei befruchteten Eiern kann man mit 75 bis 100% schlüpfender Küken rechnen.

Lagern der Bruteier
Bruteier werden am besten liegend aufgehoben, notfalls auch schräg gestellt mit dem stumpfen Ende nach oben, bei Temperaturen zwischen 8° C und 14° C, vielleicht im Eisschrank. Täglich *mit dem Thermometer kontrollieren*, weil der Keim schon bei + 5° C leidet und abstirbt, genau wie bei zu hohen Temperaturen.
Im angegebenen Wärmebereich bleiben Eier zwei Wochen bruttauglich. Allgemein gilt aber: je »jünger« sie sind, desto günstiger, weil der unvermeidliche Flüssigkeitsverlust bei der Lagerung die Lebenschancen der werdenden Küken vermindert.
Damit der Keim nicht nach unten sinkt, dort irgendwo festklebt und abstirbt, müssen Sie jedes einzelne Ei täglich wenden. Immer nur um die Längsachse, nie anders!

Unter der Schierlampe zu erkennen (während der Brut):

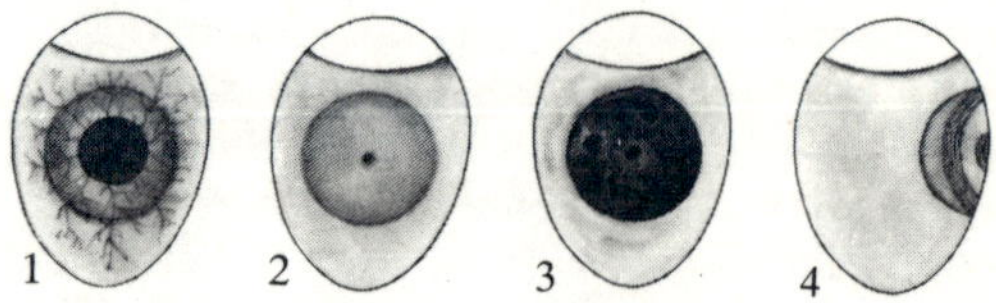

1 Befruchtetes Ei, 2 Unbefruchtetes Ei, 3 Ei mit früh abgestorbenem Keim, 4 Abgestorbenes Brutei (»Totenkranz«).

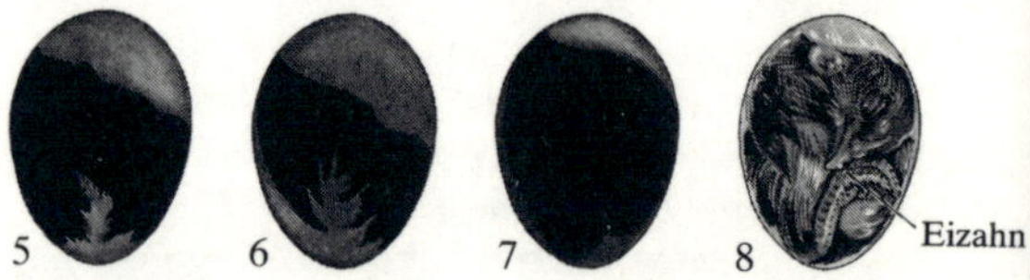

5 Gut entwickeltes Ei am 14. bis 15. Bruttag, 6 Brutei am 18. Bruttag, 7 Abgestorbenes Ei am 10. bis 11. Tag, 8 Küken vor dem Schlupf (beim Schieren nicht zu sehen!).

Fürs Brüten zu alt gewordene Eier können noch gut in der Küche verwendet werden, aber auch zum »Probebrüten« (→ Seite 39). Dafür legt man sie gut handwarm ins Nest.

Befruchtete und unbefruchtete Eier
Leider sieht man keinem Ei vor Brutbeginn an, ob es befruchtet ist. Wenn Sie sich eine sogenannte Schierlampe kaufen (Bezugsquellen → Seite 70), müssen Sie nicht bis zum Schlupftermin zu warten, um Gewißheit zu bekommen. Mit diesen Lampen ist, je nach Fabrikat, nach 24 Stunden, drei Tagen oder sechs bis sieben Tagen befruchtet von unbefruchtet deutlich zu unterscheiden. Bei braunschaligen Eiern müssen Sie meist etwas länger warten als bei weißschaligen. Halten Sie sich beim Durchleuchten (Schieren) genau an die jeweilige Gebrauchsanweisung.
In befruchteten Eiern ist beim ersten Schieren deutlich die dunkler scheinende Keimscheibe in der oberen Mitte des waagrecht gehaltenen Eis zu erkennen (nach drei Tagen). Beim langsamen Drehen des Eis um die Längsachse muß die Keimscheibe sich mitbewegen und immer oben schwimmen. Auch jetzt: Kippen über die Eispitze vermeiden! Unbefruchtete Eier entfernen. Beim zweiten Durchleuchten am 18. Bruttag sitzt der Embryo fest. Sie können in der Zwischenzeit abgestorbene Keime bestimmen (→ Zeichnung Seite 40) und diese Eier aus dem Nest nehmen. Erledigen Sie das immer, wenn die Glucke draußen ihren täglichen Spaziergang macht, um sie nicht unnötig zu beunruhigen!

Entwicklung des befruchteten Eis
Nach der Ablage bleiben befruchtete Eier zwar lebendig, der Keim wächst aber erst bei Brutbeginn weiter, bei einer Temperatur von etwa 38° C (und im Idealfall einer Luftfeuchtigkeit von ungefähr 60%).
Schon nach 24 Stunden entwickeln sich Kopf, Augen und Körperform. Nach drei Tagen haben sich Adern gebildet, das Herz beginnt zu schlagen. Am nächsten Tag entstehen Lunge, Leber und Galle, Ende der ersten Brutwoche Haut, Gefieder und Schnabel. Der Kreislauf befördert gelöste Nährstoffe aus dem Dotter über ein besonderes Blutsystem zu allen Organen und Zellen, dabei entstehende Abfälle in den Harnsack, der sich in der Nabelgegend bildet. Der Kalkschale werden Kalksalze entnommen, die das wachsende Küken zur Entwicklung braucht. Durch die Schalenporen hindurch findet der lebenswichtige Sauerstoff- und Kohlendioxydaustausch statt.
Der ganze Embryo ist von einer mit Flüssigkeit gefüllten Blase umgeben, in der er sich schwimmend ungestört entwickeln kann.
Kurz vor dem Schlupf, beim letzten Schieren, ist zu sehen, daß sich die Luftblase deutlich vergrößert hat. Der nun schon sehr kleine Dotter wird durch den Nabel des Kükens in dessen Bauchhöhle und Darm verlagert und ernährt es in den ersten 24 Stunden nach dem Schlupf (→ Seite 43).

Pflegearbeiten vor und während der Brut

Glucken können beim Brüten nur ruhig sitzen, wenn sie kein Ungeziefer haben. Außerdem werden sie bei Befall durch den Blutverlust oft so geschwächt, daß sie die Eier nicht mehr wärmen können und manchmal sogar eingehen. Sehen Sie deshalb vor der Brut jedes Tier noch einmal genau an. Federlinge finden sich im Gefieder, genau wie Flöhe, die forthüpfen, wenn sie aufgestört werden. Rote Vogelmilben entdeckt man am ehesten abends, wenn es dunkel ist. Gehen Sie mit der Taschenlampe in den Stall. Die Milben sitzen um die Kloake herum und saugen Blut. Bei Befall müssen Sie sofort etwas unternehmen (Behandlung von Außenparasiten → Seite 34). Sonst berät Sie Ihr Tierarzt. (Untersuchung einer Kotprobe bei Legebeginn, → Seite 29.)

Der Brutkasten

Der Brutkasten, am besten der Legekasten (→ Seite 19), muß vor der Brut gründlich gesäubert (mechanisch von Kotresten befreit und mit heißem Wasser gebürstet), gut getrocknet und dann mit einer etwa 5 cm hohen Schicht aus kurzem Stroh über einer Lage Hobelspänen (→ Seite 15) gefüllt werden.
Ist der Hühnerstall groß genug, kann das Bruthäuschen dort in einer ruhigen Ecke stehen. Sonst und wenn zwei Glucken sich anfeinden, müssen Sie nach einer anderen Lösung suchen.
Ich besorgte zwei große Möbelkartons (85 × 58 cm, 50 cm hoch), legte jeden mit einem Müllsack aus, füllte Hobelspäne darüber und stellte die Bruthäuschen in eine Ecke. In der anderen Ecke, außer Schnabelreichweite der Glucke, bekamen Futter- und Wasserschüssel ihren Platz.
Da Hennen möglichst bei Temperaturen nicht unter 15° C brüten sollen und das Wetter ungünstig war, standen die Kartons im Hausarbeitsraum. Eine Maschendrahtbedeckung verhinderte Herausfliegen. Durch die räumliche Nähe und das große Vertrauen der Hennen mir gegenüber erlebte ich die Brut samt Schlupf und Entwicklung der Küken in allen Einzelheiten.

Unterlegen der Eier

Die richtigen Bruteier (→ Seite 40) werden, auf Handwärme gebracht, untergelegt, nachdem Sie eventuelle »Probeeier« fortgenommen haben. Hantieren Sie vorsichtig, abends, wenn die Glucke bereits schläfrig ist und reden dabei sehr leise und freundlich mit ihr. Dann gibt es keine Schwierigkeiten.

Pflege der Glucke

Als Futter gibt es gemischtes Körnerfutter, das viel Gerste enthalten soll. Wenn Sie nicht sowieso damit füttern, sollten Sie beizeiten (ab November) langsam darauf umstellen.
Kalk und Spurenelemente (»Taubenkuchen«), Muschelgrit und grober Sand sind notwendige Ergänzungen.
Grünzeug und Weichfutter (auch Fleisch und Katzendosenfutter) sind ab Brutbeginn verboten. Die Glucken können sonst oft den zu weichen Kot nicht halten und »explodieren« im Nest (Verschmutzung der Eier, Infektionsgefahr für die Keime im Ei!). Futtergefäße auch jetzt täglich säubern, Wasser jeden Tag frisch in die gereinigte Tränke füllen. Ein- bis zweimal am Tag, ich mache das frühmorgens und in der Mittagszeit, nehmen Sie die Glukken vom Nest, dabei vorsichtig eine Hand unter die Brust, die andere auf den Rücken legen, und setzen sie ins Freie. Sie bekommen hier nicht nur Körner und Wasser hingestellt, sondern entleeren sich mit dem typischen großen, festen »Gluckenknödel«, genießen bei gutem Wetter das Staubbad, picken von Steinchen und Gras (erlaubt!) und machen »Ausgleichsgymnastik«. Dabei schütteln sie energisch das zerdrückte Gefieder zurecht, schlagen mit den Flügeln, fliegen oder rennen ein Stückchen.
Für die werdenden Küken sind diese Ausflüge so wichtig wie für die Henne. *Kurzes Abkühlen* der Eier (15 bis 30 Minuten) fördert den Gasaustausch durch die Eischale (Aufnahme von Sauerstoff, Abgabe von Kohlendioxyd) und ist deshalb notwendig.

Schwemmen der bebrüteten Eier

Weil während der Brut viel Flüssigkeit verloren geht und Küken dadurch manchmal große Schwierigkeiten beim Schlüpfen haben, sollten Sie die Eier am 19. Bruttag »schwemmen« während die Glucke ihren Spaziergang macht.

Füllen Sie das Handwaschbecken mit 37° C warmem Wasser (Kontrolle mit dem Badethermometer!) und lassen die Eier für eine Minute darin schwimmen, nicht länger. Danach kommen sie ohne Abtrocknen wieder ins Nest zurück. Besprühen der Eier mit Wasser während der Brutzeit ist abzulehnen, weil es dadurch zu Verpilzungen und zum Absterben der Embryonen kommen kann.

Die Brutarbeit der Glucke

Die Brut dauert drei Wochen. Es sieht recht idyllisch aus, wenn die Glucke auf den Eiern sitzt, aber Brut ist Arbeit. Das Tier verbraucht während dieser Zeit viel Energie zur Wärmeerzeugung und nimmt sich wenig Zeit zum Essen, Trinken, Grün picken. Sie magert deutlich ab. Das Federkleid wird unansehnlicher, die Kopfanhänge blasser – Zeichen der Anstrengung. Sandbaden und Gefiederpflege werden nebenbei erledigt. Kot wird nur ein- bis zweimal täglich abgesetzt.
Die Glucke wendet beim Brüten alle Eier regelmäßig mit dem Schnabel und schiebt sie durcheinander, in den ersten Tagen mehrmals in der Stunde. So kann die Keimscheibe nicht an der Eihaut festkleben (→ Zeichnung Seite 40). Außerdem wird das Ei auf diese Art von allen Seiten durchwärmt (der Temperaturunterschied zwischen Ober- und Unterseite beträgt 2° C) und bekommt abwechselnd einen Platz in der Mitte oder der Randzone unter dem Gefieder. In der Bauchmitte entstehen bei vielen Glucken »Brutflecken«, kahle Stellen, die Körperwärme besonders gut übertragen.
Gegen Ende der Brutzeit werden die inzwischen wie poliert aussehenden Eier weniger gewendet und weniger hin- und hergeschoben. Es geht dann nur noch um die gleichmäßige Erwärmung.

Das Schlüpfen der Küken

Ungefähr am 20. Bruttag durchstößt das Küken mit dem Eizahn, einem harten hellen Höckerchen an der Schnabelspitze, die Schalenhaut, die die Luftkammer abgegrenzt hatte. Es beginnt zu atmen und zuerst leise, dann immer lauter zu zwitschern. Die Mutter reagiert mit leisen, beruhigenden Tönen, einer Art bauchrednerischem Glucken – der Stimmkontakt ist hergestellt. Die Töne sind so laut, daß der aufmerksame Pfleger sie hört – es ist immer ein kleines Wunder, »wenn die Eier zu piepsen beginnen«. Nach einer Ausruhpause drückt das Küken mit aller verfügbaren Kraft Schnabel und Eizahn gegen die harte Kalkschale am stumpfen Ende des Eis (Luftblase!) und pickt ein Loch. Es erweitert die Stelle, indem es sich mit Hilfe des linken Fußes herumdreht. Das wird durch einen Eiweißrest erleichtert, der das Innere der Eischale gleitfähig hält. Bevor das Küken seine Schale verlassen kann, muß der Rest des Dottersackes durch den Nabel aufgenommen und die Nabelöffnung geschlossen sein. Dann pickt es von der Anpickstelle aus die Eischale ringförmig auf und bewegt sich so, daß beide Schalenteile auseinander klaffen. Nach kurzem Verschnaufen strampelt es sich frei, stößt sich mit den Füßchen ab und bleibt erst einmal auf dem Bauch liegen, mit feuchten Daunen und völlig erschöpft. Aber unter dem warmen Gefieder der Mutter trocknet es und erholt sich. Nach einer halben bis einer Stunde kann es das Köpfchen halten, aufrecht stehen, ein paar wacklige Schrittchen machen. Meist streckt es dann schon das Köpfchen zwischen Mutters Federn hervor, wird aber immer bald, energisch und behutsam zugleich, von der Glucke wieder unters Gefieder gestopft. Normalerweise dauert der Schlupf insgesamt 12 Stunden, vom Anpicken an gerechnet.

Hilfe beim Schlupf?

Meist stellt sich diese Frage gar nicht, und der Halter überläßt Mutter und Kinder sich selbst. Er entfernt nur von Zeit zu Zeit die Eierschalen, damit sie nicht für später schlüpfende Küken zum Hindernis werden.
Wenn aber ausnahmsweise ein Küken das Schlüpfen nicht allein schafft – soll man helfen oder nicht? Züchter bewerten solche Tiere als zu wenig vital und überlassen sie ihrem Schicksal. Auch Sie können so entscheiden – aber Sie müssen es nicht. Eins meiner Küken, nach sechs Wochen nicht mehr von den Geschwistern zu unterscheiden, beim letzten Schieren aber als deutlich kleinerer Embryo zu erkennen, war so ein »Fall«. Als es zwölf Stunden nach dem Anpicken nicht weiter gekommen war, erweiterte ich die Stelle etwas, hörte aber sofort auf, als etwas Blut kam. Die Hilfe kam offensichtlich zu früh. Einige Stunden später war der Winzling noch nicht weiter, zwitscherte aber und bewegte sich. Jetzt schälte ich ihn behutsam aus seinen Hüllen. Etwas frisches Blut am Nabel zeigte, daß der Dottersack erst vor kurzem ganz aufgenommen worden war. Ich hüllte das Küken in ein weiches, sauberes Handtuch und hielt es zwischen meinen warmen Händen auf dem Schoß, bis die Daunen nicht mehr klebten und das Blut eingetrocknet war. Dann schob ich es der Glucke unter.
Am ersten Tag war der Unterschied gegenüber den Geschwistern deutlich, es war kleiner, brauchte trotz bestem Appetit mehr Wärme (Hudern) und wurde schneller müde. Das blieb gut zwei Wochen so. Zum Glück behandelte niemand in der kleinen Familie das Nesthäkchen als Außenseiter, und nach sechs Wochen war es ebenso lebhaft, flugfähig und ausdauernd wie die anderen und in der Größe nicht mehr zu unterscheiden.

Entwicklung der Küken

In der ersten Lebenswoche ist das Wärmebedürfnis der Küken sehr hoch. Die ersten 24 Stunden nach dem Schlupf verbringen sie vor allem mit Schlafen unter der Glucke, unterbrochen von gelegentlichem schläfrigem oder eifrigem Zwitschern, auf das die Henne immer sofort antwortet. Schon nach wenigen Stunden kennen sie ihre Mutter persönlich, den Pfleger nach einigen Tagen.
Ist die Glucke für kurze Zeit draußen, um sich zu erleichtern, etwas zu essen und zu trinken – das braucht sie wie bei der Brut –, ertönt bald lautes, schrilles Gepiepse, das Weinen des Verlassenseins, wie Konrad Lorenz es genannt hat. Es geht in eifriges, hörbar zufriedenes Zwitschern über, sobald die Mutter wieder da ist.
Dann sind die Nährstoffe des Dottersackrestes aufgebraucht. Die Hühnchen spüren Hunger und fangen an, ziellos herumzupicken. Es wird Zeit, geeignetes Futter anzubieten (→ Seite 24), auf Kükenbrettchen oder Deckeln von Gefrierdosen (→ Seite 18).
»Vernünftige«, instinktsichere Glucken locken mit sehr hohen Glucktönen in rascher Folge, »picken das Futter vor« (nehmen es hoch und lassen es wieder fallen) und halten einzelne Bröckchen mit dem Schnabel hin. Das wird immer schnell begriffen – die Küken nehmen Hingehaltenes ab und beginnen selbst zu pik-

Zwerghuhn-Rassen. ▷
Oben links: Zwerg-Reichshuhn, hell, Hahn; oben rechts: Seidenhuhn, wildfarben, Henne; Mitte links: Moderner englischer Zwergkämpfer, Hahn; Mitte rechts: Zwerg-Araucana, wildfarben, Hahn; unten links: Zwerg-Orpington, porzellanfarben, Hahn; unten rechts: Zwerg-La Flèche, schwarz, Hahn.

ken (→ Seite 24). Manche Hühner machen auch Trinken aus der Kükentränke vor, nach meinen Beobachtungen aber ohne Locken. Wenn die Kleinen nicht begreifen, bleibt nichts anderes übrig, als am Ende der Mahlzeit ein Küken nach dem anderen vorsichtig mit der hohlen Hand zu nehmen (→ Zeichnung Seite 48) und das Schnäbelchen behutsam ins Wasser zu tauchen. Überzeugen Sie sich, daß das Küken mit erhobenem Köpfchen und leichtem »Schnabel-auf-und-zu« schluckt, lassen Sie ihm Zeit dazu und wiederholen das Ganze noch einmal. Damit Sie den Überblick behalten, setzen Sie alle, die getrunken haben, in eine hohe, mit weichem Handtuch ausgelegte Schachtel, bis jedes an der Reihe war. Nach zwei bis drei Tagen brauchen sie keine Hilfe mehr.

Unruhige Glucken versagen manchmal beim Vorpicken. Sie scharren dabei, daß Futter und Küken durcheinander wirbeln. Abhilfe: Die Glucke ins Freie setzen, wo sie mit dem gewohnten Körnerfutter versorgt wird, den Kleinen ihre Mahlzeit drin vorsetzen und mit dem Finger »vorpicken«, während Sie leise und freundlich mit ihnen reden. Auch das wird nach kurzer Zeit verstanden.

Von Tag zu Tag werden die Schlafzeiten kürzer, schon nach vier Tagen laufen die Küken oft um die Mutter herum und scharren in der Streu wie die Alten. Vorwitzige hüpfen flatternd auf Mutters Rücken. Wenn es der Glucke zu viel wird, schiebt sie den quirligen Nachwuchs vorsichtig, aber nachdrücklich mit dem Schnabel unters Gefieder. Das heißt: Ab ins Bett! und ist den Bedürfnissen der Küken in diesem Alter angemessen. Bei dem gesegneten Appetit der Kleinen sind die deutlich rechts hängenden Kröpfchen nach den Mahlzeiten so gefüllt, daß sie den Butterbrottäschchen der Kindergartenkinder ähneln.

Zwischen dem vierten und siebten Tag kann man erste Putzbewegungen beobachten. Beim versuchsweisen Kratzen am Kopf macht das Halten des Gleichgewichts noch sichtlich Mühe. Nach Ablauf einer Woche beherrschen Küken die »Sandbadetechnik« (→ Seite 57), jedenfalls wenn sie bei der Mutter zusehen konnten. Abspreizen eines Flügels nach dem anderen mit Strecken des Beins auf der gleichen Seite werden geübt.

Die Flügelchen wachsen rascher als der übrige Körper, sie zeigen schon nach sieben Tagen erste »richtige« Federchen an den Spitzen. Die Küken fliegen jetzt manchmal aus dem Stand 30 bis 40 cm hoch, um gleich wieder zu landen. Bald können die Kinder der rasch ausschreitenden Mutter über kurze Strecken im Flug folgen, aber auch nach Futter scharren, wie sie. Bei warmem Wetter sollen sie jetzt möglichst viel im geschützten Auslauf sein (→ Seite 17). Hier haben sie die nötige Bewegung, Sonne, frische Luft, hier lernen sie, was alles an Grün und kleinem Krabbelzeug eßbar ist. Gluckenhäuschen, Tränke (auf Drahtgitter kippsicher aufgestellt) und Futtergefäß nicht vergessen! Zu Anfang der dritten Woche sprießen die Jugendfedern auch unter den Schwanzdaunen und am Rücken. Die Schwänzchen sehen nun aus wie weiche Puderquasten, die Küken im ganzen komisch gescheckt und ein bißchen zerrupft. Die neuen Federn stecken in Hornscheiden, die sich lösen, von der Glucke abgepickt und verschluckt werden. Geschwister machen das bald auch untereinander. Nach den kurzen

◁ Verzwergte Großrassen.
Oben links: Zwerg-Sussex, gelb-columbia, Henne;
oben rechts: Zwerg-Brabanter, gold, Hahn;
Mitte links: Zwerg-Kraienkopp, goldhalsig, Hahn;
Mitte rechts: Zwerg-Phönix, orangehalsig, Hahn;
unten links: Zwerg-Leghorn, Henne;
unten rechts: Zwerg-Wyandotte, silber, Henne.

Jammertönen zu schließen, »ziept« das ein bißchen, ist aber doch eine Art Körperpflege.
Im Alter von drei Wochen fliegen Küken schon sehr gewandt. Sie scharren und suchen nach Futter, nehmen aber immer noch am liebsten das, was die Mutter »anbietet«. Auf Locken hin rennen sie so rasch zu ihr, daß sie fast übereinander fallen.
Zum zufriedenen Zwitschern, dem Weinen des Verlassenseins und dem Schmerzgeschrei kommen neue Laute. Mehr oder weniger schrilles Trillern bedeutet Erschrecken – beim Anblick eines größeren Regenwurms, einer dicken Raupe, eines unbekannten Gegenstandes. Sanftes Trillern beim Schlafengehen unter Mutters Gefieder klingt nach wohliger Geborgenheit. Kurzes Aufschreien gibt es, wenn die Kinder übereinander stolpern, von der Glucke versehentlich angestoßen oder vom Pfleger gegriffen werden.
Nun beginnen auch die Kämmchen zu wachsen, sie sind zuerst einheitlich gelb. Die Flügelspitzen reichen schon bis zum Schwanzende, Fluglust und Flugfähigkeit nehmen entsprechend zu. Vertrauten Menschen fliegen die Kleinen auf die Hand und picken spielerisch nach den Fingern. Wenn man sie nimmt, versuchen sie auszuweichen und schreien, sitzen aber dann ganz entspannt.

Tränken eines Kükens. Behutsam und sicher zugleich wird das Küken in die Hand genommen.

Die Küken halten sich noch immer in der Nähe der Glucke und schreien, wenn sie einmal allein unterwegs ist, suchen aber schon recht selbständig nach Futter. Besonders gute Bissen werden eilig beiseite getragen, aber oft trotzdem von einem Geschwister verschluckt, ohne daß es deswegen Streit gibt. In der vierten und Anfang der fünften Woche sehen die Kleinen ein bißchen skurril aus, sie erinnern an (Miniatur-)Geier. Der Körper ist von einer ungleichmäßigen Daunen-Feder-Mischung bedeckt, der länger gewordene Hals von Daunen, die die nackte helle Haut durchschimmern lassen.
Mit gut vier Wochen sind Hähnchen und Hennchen endlich deutlich zu unterscheiden. Die Kämmchen der kleinen Hähne sind größer und deutlich rosa gefärbt, Kehl- und Wangenlappen, die »Kopfanhänge«, sind als Ansätze zu erkennen. Die Kämmchen der Hennen haben sich noch kaum weiterentwickelt und nicht gefärbt. Geschlechtsbestimmend ist bei Hühnern übrigens die Henne, nicht der Hahn. Sie hat das 2n+xy-Chromosom, er das xx-Chromosom. Bei Säugern, auch beim Menschen, sind die Verhältnisse genau umgekehrt.
In der fünften und sechsten Woche färben sich die Kämmchen der jungen Hähne feuerrot. Die Brüder sind deutlich stabiler, kecker und frecher als die Schwestern, das jetzt häufige spielerische Gerangel zwischen ihnen dauert aber immer nur Sekunden. Wenn die Mutter nicht zur Schlafenszeit da ist, versuchen die Schwestern manchmal bei ihnen unterzuschlüpfen, wenn auch ohne Erfolg.
Noch kümmert sich die Mutter um den Nachwuchs, schläft nachts mit den Küken und wärmt sie auch tagsüber manchmal. Aber da-

zwischen geht sie ihre eigenen Wege und ist von Tag zu Tag weniger aggressiv gegen die Mithennen, wenn sie auch vom Hahn noch nichts wissen will. Sie gluckt weniger und bekommt nach und nach ihre alte singende Stimme wieder. Die Geschwister bleiben zusammen. Sie lernen, daß die Mutter nicht mehr dauernd verfügbar ist und daß Schreien nichts hilft. Wenn sie müde sind – das richtet sich nach der Helligkeit –, gehen sie allein schlafen, eng aneinandergekuschelt. Kommt die Glucke, wird sie immer noch eifrig zwitschernd begrüßt und die ganze Gesellschaft schlüpft nur zu gern bei ihr unter.
Mit acht Wochen sehen die Kleinen schon fast wie Miniaturausgaben der Großen aus. Die Schwänzchen der Hähne sind zwar noch nicht ausgewachsen, aber bei meinen Zwerg-Cochin zum Beispiel deutlich gerundet, wie es sein soll. Die Jugendfedern sind vollständig. Das Benehmen im Auslauf erinnert an den Betrieb auf einem Pausenhof mit Kindern, wenn es auch leiser zugeht.
Die »Viertelstarken« tragen – meist in der neunten Woche – erste »richtige« Hahnenkämpfe aus, zwar ohne sich ernsthaft zu verletzen, aber nicht mehr im Spaß. Es geht nun um die Rangordnung. Sieger sind in der Regel die vitalsten Tiere, die aber nicht immer am weitesten entwickelt sein müssen oder dem Rasse-Idealtyp entsprechen. Hennchen beteiligen sich nicht daran und sind für alle Brüder tabu. Sie tragen ihre Rangkämpfe erst als junge Erwachsene aus (→ Seite 52). Aber schwächere Gockel haben zumindest zwei bis drei Tage lang einiges auszustehen.
In diesem Alter machen Hähnchen auch allmorgendliche Krähversuche. Sie ähneln, im Ton individuell verschieden, eher quietschenden Türen als dem stolzen Ruf des Hahnenvaters. Sonst zwitschern und singen sie noch wie die Schwestern und pfeifen dazwischen melodisch – ein neuer Ton.

Die meisten Hennen lassen ihre Kinder allein, wenn sie acht Wochen alt sind. Die Geschwister kommen nun schon ganz gut ohne Mutter zurecht, obwohl sie zuerst noch ein bißchen jammern.
Sobald Jungtiere zwölf Wochen alt sind, beginnt das »richtige« Gefieder zu wachsen. Es ist nach etwa vier Wochen vollständig. Zugleich krähen Hähne wie ihre Väter, männliche und weibliche Tiere »reden« wie erwachsene Hühner. Wenn sie immer freundlich behandelt, öfter auf den Arm genommen und gestreichelt werden, bleiben sie sehr zutraulich.

Beringen und Trennen der Geschlechter

Etwa in der zwölften Lebenswoche werden Jungtiere beringt (Rassetiere). Man nimmt dazu vorsichtig, aber fest die drei Vorderzehen, streift den Ring darüber, biegt die Afterzehe hoch und läßt den Ring auch darüber gleiten. Die Ringe bekommen Sie über Geflügelzuchtvereine.
Züchter trennen Hähnchen und Hennchen mit 8 bis 12 Wochen voneinander und ziehen sie getrennt auf. Bei frühreifen Rassen und einer großen Anzahl von Hähnchen dient das sicher der Schonung der jungen Hennen. Meine Zwerg-Cochin sind eine spätreife Rasse. Die Alttiere waren von klein an beisammen. Trotzdem begannen die Hennen, im dafür richtigen Alter zu legen, und der Hahn belästigte sie nicht vorzeitig. Eiweißreichere Fütterung der Hähne, die Züchter empfehlen, spielt bei Liebhaberzuchten keine Rolle.

Hühner verstehen lernen

Vorfahren und Verwandte unserer Hühner

Die wilden Kammhühner, von denen unsere Haushühner abstammen, sind in verschiedenen warmen Gebieten Asiens zu Hause: Indien, Burma, Amman, Malakka, Sumatra und Java. Die Einteilung in Hühnerrassen aus dem Mittelmeerraum, Europa und Asien hat nichts mit der Urheimat zu tun. Es handelt sich hier um domestizierte Hühner, die zu verschiedenen Zeiten aus Asien nach Europa und in die Mittelmeerländer gebracht und dort weitergezüchtet wurden.
Es gibt vier Arten von Kammhühnern: Bankiva-, Sonnerath-, Lafayette- und Gabelschwanzhuhn. Nach heißen Diskussionen um dieses Thema gilt heut das Bankivahuhn als wichtigster Vorfahr der Haushühner. Es ähnelt im Temperament den Kämpfern, in der Färbung den Italienern und ist von der Größe her ein »Urzwerg«. Man nimmt aber an, daß auch die anderen Arten an der Entstehung einiger Haushuhnrassen beteiligt sind.
Bankiva-, Sonnerath- und Lafayettehuhn ähneln sich in der Lebensweise. Im Frühjahr erkämpfen die starken Hähne ein Revier, das sie mit drei bis höchstens fünf Hennen teilen. Die Hennen suchen mit Hilfe des Hahns Nestmulden an versteckten Stellen. Sie legen durchschnittlich 5 bis 6, selten bis zu 9 Eiern. Die Schalen sind weiß oder leicht rosa, das Gewicht beträgt etwa 30 g. Die Küken schlüpfen nach 19 bis 21 Tagen. Sie werden in den ersten Lebenswochen von der Mutter gewärmt, zum Futter gelockt, bewacht und notfalls gegen Feinde verteidigt. Auch der Hahn kümmert sich um den Nachwuchs, warnt vor Gefahren und verteidigt die Familie. Die Kleinen können schon im Alter von acht Tagen von Ast zu Ast flattern, mit zehn Tagen zielbewußt hinter der Mutter herfliegen und kommen mit etwa zwölf Wochen in den Stimmwechsel. Wildhähne krähen schrill und scharf mit einer kurzen, wie abgehackten Endsilbe beim Kikeri-ki. Nur der Lafayette-Hahn, auf Ceylon zu Hause, hat eine klangvolle Stimme mit läutendem Tschick-tscho-tschojik.
Im Gegensatz zu unseren domestizierten Hähnen tragen Wildhähne nach der Sommermauser ein unauffälliges Federkleid und zurückgebildete Kopfanhänge.
Außerhalb der Brutzeit leben diese Wildhühner in Gesellschaften von bis zu 50 Tieren. Sie gehen abends und frühmorgens gemeinsam auf Futtersuche, immer dort, wo sie bei Gefahr Deckung finden, können aber auch im Flug ihren Feinden entkommen.
Gabelschwanzhühner gelten bei vielen Kennern als schönste Kammhuhnart. Sie leben als einzige in Einehe. Die Henne legt 6 bis 10 isabellfarbene Eier. Ihre Küken brauchen länger als die der anderen Arten zur Entwicklung. Hähne sind erst im zweiten Jahr zuchtfähig.
Wildhühner, die zum Ziergeflügel gerechnet werden, können Sie in einigen Zoos und Vogelparks sehen. Es gibt aber auch Liebhaber, die sie halten.

Domestikation (Haustierwerdung)

Hühner wurden zuerst anscheinend nur als Opfertiere und zu Hahnenkämpfen gehalten. Letzteres ist eine wenig schöne, auch heute leider noch nicht ausgestorbene Angelegenheit. Wie es danach weiterging, scheint niemand genau zu wissen, Eier und Fleisch werden aber auch schon lange genutzt.
Etwa vor 4000 Jahren soll das Seidenhuhn domestiziert worden sein. Es gelangte früh aus Tibet nach China und ist in Marco Polos Reisebericht erwähnt. Chabos soll es schon mehr als 1000 Jahre geben, aber auch Bantams und

die 1860 im Chinesischen Kaiserpalast entdeckten Zwerg-Cochins, die »Palast-Hühnchen«, gelten als sehr alte Rassen.
Von China aus wurden im 14. oder 15. Jahrhundert v. Chr. Haushühner nach Ägypten und Persien und von dort aus nach Südeuropa eingeführt. Griechen und Römer hielten Hühner bereits Jahrhunderte vor der Zeitrechnung. Zu Germanen und Kelten kamen Hühner anscheinend nicht über den Alpenwall, sondern etwa 600 v. Chr. direkt aus dem Osten. Und noch heute recht urtümliche und nicht »durchgezüchtete« Haushühner, die in Südamerika zu finden sind, scheinen aus dem lebenden Proviant handeltreibender polynesischer Seefahrer zu stammen. Sie sind Ahnen der Araucanas und Zwerg-Araucanas. Wahrscheinlich waren Hühner in unserem Kulturkreis zuerst Kult- und Opfertiere. Die Perser kannten einen weißen Himmelshahn und einen schwarzen Höllenhahn, ähnlich wie die Germanen.
Inzwischen haben Höchstleistungszucht und Massenhaltung mit vielen unguten Begleiterscheinungen Hühner weitgehend zum reinen »Wirtschaftsfaktor« gemacht – etwas, worüber sich Tierfreunde zu Recht aufregen. Aber Proteste allein nützen nichts. Wir alle müßten bereit sein, mehr für ein »tiergerecht« erzeugtes Ei auszugeben.
Die Erhaltung der alten Huhn- und Zwerghuhnrassen ist heute Sache der Rassegeflügelzüchter. Sie bewahren – ohne Kosten für die Allgemeinheit – kostbares Erb-(Gen-)Material, das sonst verloren ginge. Kenner der Materie wissen, wie wichtig das ist!

Sozialverhalten

Domestizierte Hühner sind wie ihre Vorfahren von Natur aus sozial, also Gemeinschaftstiere. Hält man ein einzelnes Huhn, vereinsamt es, wird apathisch und kümmert vor sich hin. Wenn es sich nicht sehr eng an den betreuenden Menschen anschließen kann – und das ist im Gegensatz zur Zahmheit einer Hühnerfamilie wenig artgerecht. Außerdem können Sie das arme Tier nicht wie Hund oder Katze mit in die Wohnung nehmen, denn stubenrein wird es nie.
Hühner, die lang nur mit Menschen gelebt haben, gewöhnen sich schwer an Artgenossen, in dieser Hinsicht gemachte Fehler sind deshalb kaum mehr gut zu machen!

Die Hühnerfamilie

Zwerghühner hält man in kleinen »Stämmen«, die je nach Rasse und Unterbringungsmöglichkeiten aus einem Hahn und zwei bis drei (höchstens fünf) Hennen bestehen. Ein Mehr bekommt dem Familienleben nicht. Hähne mancher Rassen sind auch mit einer einzigen Henne zufrieden – meine Zwerg-Cochins beispielsweise. Nur wird diese eine dann zu oft getreten und dadurch überanstrengt.
Hahn und Hühner, die zu einer Familie werden sollen, müssen Sie beizeiten aneinander gewöhnen. Es dauert mehrere Wochen. Die Zeit verlängert sich, wenn außer neuen Gefährten eine neue Umgebung verkraftet werden muß.
Innerhalb der Familiengruppe kennt jedes Tier das andere genau, jedes hat seine feste Stellung. Die verschiedene Ranghöhe drückt sich aber meist nicht durch Streitigkeiten aus. Man hält gegen Feinde zusammen, putzt und wärmt sich gegenseitig.

Rangkämpfe der Hähne

Kleine Rangeleien kommen schon bei Küken und Heranwachsenden (→ Seite 49) vor. Obwohl es dabei kaum Verletzungen gibt, sieht es recht dramatisch aus. Die Gegner laufen aufeinander zu, stehen kurz tief geduckt mit gesträubten Halsfedern, springen sich gegenseitig an und bearbeiten sich mit Krallen und Schnäbeln, bis einer flieht, vom Sieger noch ein Stück verfolgt. Damit ist festgelegt, wer dem anderen den Vortritt zu lassen hat. Bei den Halbstarken vor allem der Kämpferrassen nehmen diese Auseinandersetzungen recht rauhe Formen an. Wie mir ein Züchter erzählte, dauert das allgemeine Raufen hier oft einen ganzen Tag lang, wenn auch einander von klein an bekannte Tiere sich dabei normalerweise nicht gefährlich verletzen. Aber auch kleine Wunden sind ja mit Vorsicht zu genießen (→ Schmeiß- und Stubenfliegen, Seite 35).

Miteinander aufgewachsene Hähne ruhiger Rassen vertragen sich nach unblutig ausgemachter Rangordnung meist ausgezeichnet. Ich kenne zwei stattliche Gockel, Zwerg-Cochin, die sich öfter friedlich gegenseitig das Halsgefieder putzen und nicht daran denken, sich an den Frauen des jeweils anderen zu vergreifen. Auch von klein an miteinander bekannte Kämpfer streiten kaum. Erst als Erwachsene zusammengebrachte Hähne gehen nicht so freundlich miteinander um. Bei Kämpferrassen ist es nicht ungewöhnlich, daß hier der Unterlegene bei der Flucht eingeholt und vom Verfolger so »fertig« gemacht wird, daß er keine Chance mehr hat und notgeschlachtet werden muß. Aber auch bei ruhigeren Rassen ist Trennung einander fremder Hähne meist besser. Selbst wenn es keine Verletzungskämpfe gibt, versuchen sie oft zugleich dieselbe Henne zu treten, die zu entkommen versucht. Als Folge gibt es kaum befruchtete Eier, abgesehen vom Streß für die Hennen.

Ich rate Ihnen zu zwei Stämmen (→ Seite 51) deshalb nur dann, wenn genügend Platz für zwei Ställe und zwei geräumige, teilbare Auslaufflächen vorhanden ist!

Rangkämpfe der jungen Hennen

Rangkämpfe junger Hennen sind weniger heftig und fast immer rasch entschieden. Die Unterlegene zieht sich zurück, wird aber nicht verfolgt. Manchmal senkt sie den Kopf und »schaut verlegen auf die Seite«. Bei artgerechter Haltung demonstriert die Überlegene ihre Macht weder an der gemeinsamen Futterschüssel noch später beim Besetzen des Legenestes.

Kritisch wird es erst, wenn Hennen glucken und brüten, reizbar und in Verteidigungsstimmung sind. Dann vertreibt, wie ich mehrfach beobachten konnte, die ranghöhere Glucke die andere oft durch Schnabelhiebe auf den Kopf vom Brutnest, das sie für sich ausgesucht hat. Hennen der Kämpferrassen sollen härter miteinander umgehen.

Auch wenn Glucken Küken führen, vertragen sie sich nur selten. Meist greift dann die Rangniedere an. Zwar verteidigt sie damit ihre (nur scheinbar) gefährdeten Kleinen, ist aber oft so blindwütig, daß sie nicht darauf achtet, wohin sie tritt. Es hat auf diese Weise schon tote Küken gegeben! Deshalb muß man Glucken fast immer in getrennten Ställen und Ausläufen halten (→ Seite 17). Der Hahn mischt sich (leider) nicht als Schlichter in »Weiberkämpfe« ein, steht also auch seiner »Lieblingsfrau« nicht bei, meist eine rangniedere Henne.

Das Verhalten der Henne

Zwerghennen halten sich ganz selbstverständlich in der Nähe ihres Hahnes und der Mithennen. Auch wenn sie bei der Futtersuche einmal eigene Wege gehen, entfernen sie sich nicht außer Sichtweite. Sobald der Hahn zum Futter lockt, rennen sie herbei, bedienen sich oder nehmen hingehaltene Bissen aus seinem Schnabel.

Das Staubbad ist offensichtlich gemeinsam mit den anderen schöner als allein. Und während der Gefiederpflege wird nach Säubern und Einfetten der eigenen Federn neben den Mithennen vor allem der Hahn bedient. Der harte Hennenschnabel putzt ihm sorgfältig und zart zugleich die Federn und Federchen am Hals und im Gesicht, die er selbst nicht erreichen kann.
Abends sitzen die Hennen, eng an den »Ehemann« gekuschelt auf der Stange oder schlafen in der Streu unter seinen Flügeln.
Auf den Balztanz des Hahnes gibt es keine für uns merklichen Reaktionen der Henne. Keine unternimmt etwas, um ihn zur Paarung zu ermuntern. Nach dem Tretakt (→ Seite 38), den sie dem Eindruck nach erduldet und nicht genießt, schüttelt sie ihre Federn zurecht und geht zur Tagesordnung, sprich Futtersuche, über. Dagegen sind Brutzeit und Aufzucht der Jungen offensichtliche Höhepunkte im Hennenleben (→ Seite 38). Auch Ängstliche haben auf einmal Mut, und dem Beobachter scheint, als seien die Tiere nie so »selbstbewußt« wie in diesen Wochen steter Fürsorge für den Nachwuchs.

Das Verhalten des Hahns

Wo unseren domestizierten Hähnen die natürlichen Instinkte noch nicht weggezüchtet wurden, sind sie fürsorgliche Hüter der Familie und gute Väter.
Unser Zwerg-Cochin-Hahn bleibt bei der Futtersuche stets wachsam, während seine Frauen sorglos picken und scharren. Er warnt, sobald Katzen oder Hunde in der Nähe sind und verjagt zudringliche Tauben und Amseln vom Futternapf.
Bei den Vierbeinern lernte er bald Unterschiede zu machen. Als ungefährlich bekannte werden sozusagen nur pro forma angezeigt, fremde oder solche, die unsere Hühner schon einmal gejagt haben, dagegen mit höchster Aufregung und schriller, manchmal überkippender Stimme. Kommt das gefürchtete Tier näher, ist er allerdings der erste, der flüchtet. Der kleine Gockel von Bekannten, ein »Federfüßiger Zwerg«, reagierte völlig anders. Er lehrte jeden Hund und jede Katze durch entschlossene frontale Flugangriffe mit Schnabel und Krallen das Fürchten. Freilich hackte er auch nach Menschenbeinen, wenn Küken zu bewachen waren und sich jemand zu nah herantraute.

Hat der Hahn etwas Gutes zum Fressen gefunden, lockt er seine Hennen mit Lauten herbei, die dem Glucken der Henne ähneln.

Bei Übergriffen anderer Hähne verteidigt wohl jeder Hahn die eigenen Frauen. So beobachtete ich einen ruhigen winzigen Chabo-Hahn, der mit seinen Hennen und einer Zuchtgruppe schwarzer Bantams ein großes Wiesengelände zur Verfügung hat. Er wurde blitzartig zum Wilden, als der Bantam-Hahn einer seiner Damen »zu nahe treten« wollte. Obwohl Bantams Draufgänger sind, ließ der drahtige kleine Hahn es nicht auf einen Kampf ankommen, sondern flüchtete auf dem schnellsten Weg zur eigenen Fa-

milie. Er »wußte«, daß er bei den Chabos nichts zu suchen hatte.
Ein guter Hahn warnt nicht nur, er lockt auch jedesmal, wenn er etwas Eßbares gefunden hat und läßt Frauen wie Kindern ganz selbstverständlich den Vortritt.
Biologisch ist das sicher sinnvoll, weil Hennen durch Eierlegen und Brüten stark beansprucht sind und Küken rasch kräftig heranwachsen sollen. Anscheinend brauchen Hähne auch weniger Futter, denn sie sind trotz ihrer »Selbstlosigkeit« meist besser gepolstert als die Hennen.
Unser Hahn führt seine beiden Hennen bei Hitze in den Schatten, bei schlechtem Wetter zu besonders wind- und regengeschützten Plätzen. Wenn beide Hennen legen oder brüten, sitzt er oft lang geduldig, etwas verloren wirkend, auf einem Legehaus, bis die beiden wieder Zeit für ihn haben. Ab und zu schaut er ins Nest, zieht sich aber sofort zurück, wenn die Hennen durch ärgerliches Krächzen zu verstehen geben, daß sie noch Ruhe brauchen. Er hilft auch beim Aussuchen des Legeplatzes, wenn eine Henne noch »unschlüssig« ist, probiert das Nest aus und lockt – wie ein Wildhahn (→ Seite 50).
Zu den Küken ist unser Hahn freundlich, lockt sie und pickt vor. Auch wenn er einmal eines zupft, ist er nie grob. Sobald Küken im Garten sind, ist er wachsamer und vor allem mutiger als sonst.
Ein richtiger Hahn ist nicht nur sorgender Familienvater, sondern auch mehr oder weniger strenger Patriarch, der Folgsamkeit im eigentlichen Sinn des Wortes verlangt. Biologisch sinnvoll, denn Zusammenbleiben und Einander-warnen erhöhen die Sicherheit. Freßfeinde trauen sich eher an ein Einzeltier als an eine geschlossene Gruppe.
Wenn eine unserer Hennen sich etwas weiter entfernt und auf Locken hin nicht schnell zurückkommt, läuft er zu ihr, schreit laut und ärgerlich, zupft sie am Halsgefieder, pickt sie leicht in den Hals und treibt sie zurück. Grob wird er dabei nie, typisch für ruhige Rassen. Die »bestrafte« Henne bleibt deshalb recht gelassen.

Balz und Paarung

Jeder richtige Hahn wirbt um seine Frauen. Beim »Balztanz« trippelt er mit gewölbter Brust und hocherhobenem Kopf, ganz stolze Haltung, um die gerade begehrte Henne herum, wobei er sich immer von der Seite präsentiert, als wüßte er, wie imponierend gerade seine Silhouette ist. Er macht das morgens sozusagen als Begrüßung nacheinander bei jeder seiner Hennen, aber auch, wenn eine von ihnen das ausdrücklich und unter Locken mit dem Schnabel »als Geschenk« hingehaltene Futter abgenommen hat. Sein fast gurrendes »Go-go-go-goooo« dabei wirkt auf uns immer wie »Jetzt siehst du mal wieder, wie ich dich mag, meine Liebe, und was du an mir hast!«
Auffallend ist, wie sehr beim Locken, beim Vorpicken und Anbieten von Futter mit dem Schnabel bis hin zum Unter-die-Flügel-nehmen bei Kälte sein Verhalten dem einer Glucke ihren Küken gegenüber gleicht.
Vor der Paarung, dem Tretakt, rennt der Hahn auf die Erwählte zu und überrennt sie oft fast in seinem Eifer. Mit raschem »Gogogoo« stößt er sie leicht mit der Schulter an und springt nach eben angedeutetem Balztanz

Zwerg-Paduaner, silber, Henne; die kecke, aufrechte Haltung und der gestreckte Rumpf entsprechen genau dem Rasse-Standard. ▷

auf ihren Rücken, während sie sich duckt. Das Ganze dauert keine halbe Minute. Manche anderen Hähne werden beim Treten grob und hacken die Hennen so, daß sie schreien. Das jeweilige Verhalten hängt wohl von der Rasse, individueller Veranlagung und Gewöhnung der Tiere aneinander ab.
Nach der Mauser und erst recht während des Winters sind Zwerghähne ohne besondere Hilfen (→ Paarungs- und Brutzeit, Seite 38) nicht in Paarungsstimmung. Es gibt keinen Balztanz, keinen Tretakt, keine Eßgeschenke, und auch beim Futter haben die Hennen dann nicht mehr unbedingt den Vortritt. Es ist zu kalt und zu dunkel.
Trotzdem bleibt das Verhalten des Hahnes seinen Frauen gegenüber freundlich. Verhaltensweisen wie gegenseitiges Putzen, gemeinsames Staubbad in gelegentlichen Sonnenstunden und vor allem Wärmen der Hennen unter den ausgebreiteten Flügeln bleiben erhalten.

Gefiederpflege

Gesunde Zwerghühner putzen und glätten ihr Gefieder mehrmals am Tag und lassen sich jedesmal viel Zeit dazu. Alle Federn werden mit dem Schnabel geordnet, zurechtgezupft und leicht eingefettet – Schutz gegen Feuchtigkeit und vorzeitigen Verschleiß. Die ölige Pflegesubstanz entsteht in der beim Zwerghuhn nicht einmal bohnengroßen Bürzeldrüse und wird mit dem Schnabel dem Ausführungsgang der Drüse zwischen den Federn des Schwanzes entnommen.
Kratzen mit der Kralle am Kopf, Strecken und Spreizen beider Flügel nacheinander, meist zusammen mit dem Bein derselben Seite und gründliches Ausschütteln des ganzen Gefieders gehören in weiterem Sinn zum Putzverhalten. Besonders häufig und intensiv ist Putzen während der Mauser, wenn lose gewordene Federn entfernt werden müssen.
In einer gut eingespielten kleinen Hühnerfamilie helfen sich alle gegenseitig bei der Körperpflege. Hals und Kopf sind ja nicht für den eigenen Schnabel und schwer für die eigenen Krallen erreichbar. Der gerade Verwöhnte hält deshalb auch ganz still, dreht Hals und Kopf so, daß der Partner überall hinkommt und schließt die Augen. Hennen erweisen einander diese Freundlichkeit genauso wie ihrem Hahn und er putzt seine Frauen. Auch von klein an miteinander bekannte Hähne friedlicher Rassen helfen sich da gegenseitig. Kraulen an Hals und Kopf durch vertraute Menschen genießen die Tiere wohl als ähnlichen Freundschaftsdienst (→ Seite 8).
Während der Mauser (→ Seite 30) zupfen die Tiere sich gegenseitig die Hornscheiden der neuen Federn ab, was (als notwendig) zwar geduldet, aber allem Anschein nach weniger angenehm empfunden wird.
Häufiges Kratzen und Unruhe deuten immer auf Außenparasiten hin und haben mit Putzverhalten nichts zu tun. Hier sind sofortige Kontrolle und Abhilfe nötig (→ Seite 34).

Staubbad

Das Staub- oder Sandbad (→ Seite 20) ist ein Teil der Gefiederpflege. (Baden in Wasser bekommt Hühnern nicht!) »Gebadet« wird nur

◁ Verhaltensweisen der Zwerghühner.
Oben links: Diese Paduaner-Glucke zeigt ihrem Küken geeignetes Futter; sie nimmt Futterbröckchen auf und läßt sie vor dem Küken fallen; oben rechts: Cochins beim Staubbaden; unten: Holländische Zwerghühner, goldhalsig – Hahn und Henne suchen oft gemeinsam Futter. Besonders gute Futterbröckchen reicht der Hahn der Henne mit dem Schnabel.

ab einer gewissen Mindesttemperatur von etwa 20° C, am liebsten in stärker erwärmter, trockener, locker-sandiger Erde.
Sandbadende Zwerghühner scharren etwas am ausgesuchten Platz, picken die Erde auf und nehmen dabei wohl auch Sand und Steinchen (→ Verdauung, Seite 23). Dann wirbeln sie mit Flügeln und nach hinten gestreckten Krallen die Erde hoch, bis das Gefieder durch und durch »eingepudert« ist. Zum Schluß rollen sie sich halb auf den Rücken, schmiegen Nakken und Kopf seitlich in den trockenen, warmen Staub und wiederholen das mehrmals mit halbgeschlossenen Augen. Schließlich werden die Federn durch gründliches Schütteln von Staub und Erde befreit. Hühner baden am liebsten gemeinsam. Oft weiß man beim Zusehen nicht, wem welcher Flügel und welcher Fuß gehört.

Sinnesleistungen

Sehen: Wie alle Vögel sind auch Zwerghühner Augentiere, in dieser Beziehung uns Menschen ähnlich. Die Farben Rot, Gelb, Grün, Gelbgrün und Blaugrün werden unterschieden, reines Blau aber nicht wahrgenommen. Aus diesem Grund eignen sich blaugefärbte Glühbirnen für die nächtliche Erwärmung kleiner Ställe (→ Seite 14) oder als Beleuchtung für abendliche Stallinspektionen.
Durch die Größe des Augapfels wird eine erhebliche »Bildgröße« erreicht und Erkennen auch kleinster Einzelheiten möglich. So finden Zwerghühner selbst winzige Futtertiere und sehr kleine Sämereien mühelos. Vertraute und fremde Menschen halten sie anscheinend durch Sehen auseinander. Das gleiche gilt für Artgenossen.
Bei einander angiftenden Glucken ist Ruhe, wenn sie einander nicht sehen, auch wenn sie einander hören können.

Hören: Das Hörvermögen scheint zwar nicht die gleiche Rolle zu spielen wie das Sehen, ist aber gut und differenziert. Es ist an einen komplizierten Hörapparat gebunden, in dem sich auch Rezeptoren (Empfängerzellen) zur Regulierung des Gleichgewichts und der Muskelspannung finden. Hühner haben keine Ohrmuschel. Das äußere Ohr beginnt mit dem fast kreisrunden Eingang, der von der Ohrscheibe umgeben und von kleinen Federn verdeckt ist.

Gesunde Zwerghühner putzen sich oft und am liebsten in Gemeinschaft mit den Mitgliedern »ihrer« Familie.

Riechen: Die für den Geruchssinn entscheidenden Riechzellen befinden sich in der Riechschleimhaut der Nasenhöhle. Sie nimmt bei allen Vogeltieren nur einen kleinen Teil der Nasenschleimhaut ein, und auch das Riechzentrum im Endhirn ist nur mäßig entwickelt. Das erklärt die geringe Leistungsfähigkeit des Geruchssinns, von der man durch zahlreiche Experimente weiß.
Schmecken: Vorlieben für bestimmtes Futter, Ablehnen von nicht einwandfreiem und (oder) schlecht schmeckendem Wasser, oft

trotz Durst, sind Zeichen für vorhandenes Geschmacksempfinden. Geschmacksknospen, die den Geschmackspapillen der Säugetiere entsprechen, sitzen bei Hühnern nicht auf der Zunge, sondern in der Unterzungenschleimhaut, am Rachengrund bis hin zum Eingang der Speiseröhre und in der Rachenmuskulatur.

Laut- und Körpersprache

Hühner verständigen sich untereinander durch Laute und Bewegungen oder geben so ihrer jeweiligen Stimmung Ausdruck. Das wird von Artgenossen und aufmerksamen Besitzern verstanden.

- Krähen ist der frühe Morgenruf, wenn es eben hell zu werden beginnt. Art und Lautstärke sind sehr unterschiedlich; freundliche Gespräche und Schallschutz (→ Seite 12) sind bei empfindlichen Nachbarn immer anzuraten. Viele Zwergrassen krähen ähnlich den Wildhähnen mit kurzem, wie abgehacktem »Ki« am Ende des Rufs, im Gegensatz zu Hähnen großer Rassen, die gerade die Schlußsilbe betonen und lang ausziehen.

Hähne krähen auch tagsüber, einige Rassen und manche Tiere allerdings sehr selten. Sie antworten damit anderen oder posieren vor ihren Hennen. Typisch ist die Haltung dabei: Vorgewölbte Brust, in den Nacken geworfener Kopf, hoch aufgerichteter Körper.

- Gackern oder Kakeln, laut und aufgeregt, ist die Stimmäußerung jeder Henne nach dem Legen. Meist kann sie sich minutenlang nicht beruhigen. Meine Hennen sind immer sofort still, wenn ich dann freundlich zu ihnen spreche, oder wenn der Hahn sozusagen beruhigend mit sanftem »Gogogogoooo« auf sie »einredet«.

Ich habe mich schon gefragt, ob dies Geschrei biologisch sinnvoll ist. Das Nest mit den Eiern soll doch keinem Freßfeind auffallen, und es wird behauptet, daß Wildhennen ohne jeden Laut das Nest verlassen. Vielleicht will die Henne die Aufmerksamkeit von Feinden auf ihre Person lenken? Sie kakelt und gackert schließlich immer erst ein Stück vom Nest entfernt, könnte also flatternd und fliegend den Angreifer weglocken und entkommen.
Für diese Theorie spricht, daß alle Glucken beim Brüten stumm sind, es sei denn, sie werden vom Hahn oder einem wenig vertrauten Menschen gestört (ins Nest sehen wird schon als Störung verstanden).
Aufgeregtes Gackern geben Hennen auch bei Erschrecken und Angst von sich.

- Glucken zeigt bei Hennen Brutlust an (→ Seite 38), ist Stimmfühlungs-(Kontakt-)Laut für die Küken. Wenn die Kleinen im Ei zu zwitschern beginnen, gluckt die Henne leise und wie eine Bauchrednerin »unter sich« (→ Seite 43).
- Sehr rasches Glucken in hoher Tonlage heißt: »Kommt schnell, ich habe etwas Gutes für euch zu essen gefunden!« Interessanterweise »reden« nicht nur Glucken so mit ihren Küken. Auch fürsorgliche Hähne locken ihre Hennen in ähnlichen Tönen, mit weniger hoher Stimme, wie es ihrer Männlichkeit entspricht. Und sowohl Hahn wie Hennen locken so »stallwillige« Familienmitglieder so zurück, wenn sie selbst noch keine Lust haben, schlafen zu gehen. Auf diese »Scheinaktion« fallen die anderen fast immer herein.
- Gluckendes Jammern – man kann es nicht anders ausdrücken, geben Hennen von sich, die nach dem nötigen Ausflug (→ Seite 43) rasch wieder zu Eiern oder Küken zurückwollen, aber auch Glucken, denen nach »leerem Brüten« das Nest fortgenommen wird. In diesem Fall beruhigen sich die Tiere nach ein bis zwei Tagen und leben wieder wie vorher.
- Mißtönendes, lautes Kreischen der Glucken wehrt den Hahn ab, wenn er ihnen zu nah

kommt, während sie noch glucken, aber auch andere Hühner oder Menschen, die dicht am Brutnest vorbeigehen, hineinschauen oder hineingreifen.

- Eine Art melodischer Singsang der Hennen drückt Zuneigung und freundliche, zufriedene Stimmung aus.

Krähen des Hahns drückt Selbstbewußtsein aus und die Bereitschaft, Hennen, Küken und Revier gegen Rivalen und Feinde zu verteidigen.

- Langgezogenes »Gooooooooooh!« ist der Ruf des Hahns nach den Hennen.
- Scharfes Schnarren hört man von Hühnern und Hähnen in Situationen, die ihnen unangenehm oder nicht ganz geheuer sind: wenn Lege- und Bruthäuschen an einer neuen Stelle stehen oder gewohnte Futtergefäße durch anders gefärbte und geformte ersetzt wurden.
- Sanftes, fast melodisches Schnarren geben meine Hennen von sich, wenn sie überraschend etwas besonders Gutes zu essen bekommen.
- Eintöniges, »nervendes« Rufen der Hennen auf einer Tonhöhe drückt einen Wunsch aus (Futter, Wasser, Stall, Legehaus).
- Längerdauerndes Kakeln und Schreien mit überkippender Stimme, bei dem den Tieren hörbar fast die Luft ausgeht, ist eine Äußerung größter Angst. Wir hörten sie in der Anfangszeit von Hahn und Hennen, wenn Hunde am Gartenzaun vorbeiliefen oder Katzen im Garten auftauchten. Das hat sich durch Lernen gegeben (→ Lernvermögen, Seite 61).
- Durchdringendes, lautes, kehliges Schreien des Hahnes, bei dem er manchmal die Luft einzieht, manchmal »heraustrompetet«, drückt Ärger aus. Er reagiert so auf Geräusche, die ihm zwar durch Gewöhnung keine Angst machen, aber oft »einfach zu viel« sind: Flugzeug- und Baulärm, Schallmauerknall.
So macht er sich aber auch Luft, wenn seine Frauen auf Rufen hin nicht kommen, Tauben am Hühnerfutter oder Amseln an der Vogeltränke sind.
- Kurzes, lautloses Aufsperren des Schnabels signalisiert eine gewisse Ratlosigkeit.
- Gesträubtes Kopfgefieder, oft von leichtem Zittern des ganzen Körpers begleitet, ist bei Hahn und Hennen ein Zeichen von Aufregung und ängstlicher Spannung.
- Sträuben des ganzen Gefieders mit abgespreizten Flügeln und seitlich geducktem Kopf sieht man bei brütenden und führenden Glukken ranghöheren Hennen, aber manchmal auch betreuenden Menschen (ranghöher!) gegenüber. In dieser Zeit greifen unterlegene Hennen ranghöhere an, was sie sonst nie tun, und hacken nach der menschlichen Hand, wenn nicht besonders großes Vertrauen das verhindert.

Lernvermögen

Hühner gelten landläufig als dumm, vielleicht weil falsche Maßstäbe angelegt werden und man sie mit Hunden und Katzen vergleicht. Die Federtiere haben aber durchaus eine gewisse Lernfähigkeit.

Persönliches Erkennen
Hühner lernen einander persönlich kennen. Durch Beobachtungen weiß man, daß sie bis zu 100 Artgenossen auseinander halten können. Kennenlernen braucht aber Zeit. Hahn und Hennen, die miteinander leben sollen, bringt man deshalb schon lang vor der Lege- und Brutzeit zusammen. »Unüberwindliche Abneigung« macht manchmal Trennung und andere Vergesellschaftung nötig.
Hühner entwickeln bei guter, freundlicher Behandlung zu »ihren« Menschen durchaus persönliche Beziehungen, sind zutraulich und ohne jede Angst. Besucher werden sofort als fremd erkannt. Unser Hahn geht ihnen gegenüber auf Abstand, Hähne anderer Rassen flüchten oder greifen an, je nach Temperament. Meine sehr zahmen Hennen bleiben in der Nähe, flüchten aber, wenn ein Unbekannter sie greifen will und nehmen ihm oft nicht einmal Futter ab.

Ortskenntnis
Der Wechsel des von klein an bekannten Stalles und Auslaufs ist für Hühner nicht leicht zu bewältigen. Züchter verhindern durch diese Maßnahme, daß junge Zwerghennen, die im Bestzustand auf einer Ausstellung gezeigt werden sollen, vorher zu legen beginnen. Ich trug meine Tiere in den ersten Wochen nach dem Kauf jeden Abend in den Stall, weil sie ohne Nachhilfe nicht gegangen wären. Das war zugleich eine Gelegenheit, ihnen die Scheu vor der Hand zu nehmen. Es dauerte nicht lange, bis sie allein den Weg fanden, sobald es zu dämmern begann. Sie kannten nun jede Einzelheit dort – genau wie im Garten – und fühlten sich von da an sehr wohl in ihrem Zuhause.

Erkennen von Gefahren
Unsere Hühner hatten in der ersten Zeit panische Angst vor jedem Hund, der am Zaun vorbeilief, vor jeder Katze, die durch den Garten strich. Diese »Feindbilder« sind wohl angeboren. Aber nach einiger Zeit hatten sie begriffen, daß der Zaun ein sicherer Schutz gegen Hunde ist und regen sich seither über diese Vierbeiner nicht mehr auf.
Eine noch größere Leistung ist in meinen Augen, daß unsere Zwerghühner inzwischen die einzelnen Katzen auseinanderhalten, die durch den Garten streunen. Die Hauskatze und den Nachbarskater beachteten die Hühner von Anfang an kaum. Wenn sie auftauchen, warnt der Gockel nur noch lässig und sozusagen pflichtgemäß. Die Hennen unterbrechen nicht einmal die Futtersuche.
Zwei Katzen aus der Nachbarschaft dagegen machten sich einen Spaß daraus, unsere Hühner zu scheuchen – unsere Drei flüchteten kopflos und schreiend, und ehe wir draußen waren, sausten die Verfolgerinnen davon. Die Angst vor diesen beiden hielt an, bis die Hennen zu brüten begannen. Dann griffen sie auf einmal mit gesträubten Federn im Tiefflug heftig an, daß beide Katzen flohen und sich seither kaum noch sehen lassen.
Aus meiner Kinder- und Mädchenzeit weiß ich, daß Hühner auf Lärm oft panisch reagieren, schreien, flattern und flüchten. Unsere Drei, in einer Siedlung mit vielen Gärten und »Selbermachern« aufgewachsen, erschrecken weder bei Baulärm noch beim Krach des Rasenmähers. Gründe für dieses Verhalten sind Gewöhnung und das Fehlen von Schreckerlebnissen bei Lärm.

Zwerghühner als Nutztiere

Was bei der Wahl der Rasse wichtig ist

Das Aussehen aller Zwerghuhnrassen ist apart und ansprechend, davon zeugen die Fotos und Zeichnungen in diesem Buch. Sämtliche Rassen in ihren vielen (bis zu 20!) Farbschlägen zu beschreiben und abzubilden, ist hier nicht möglich.

Als Hilfe für »gezielten« Kauf von Zwerghühnern habe ich auf den Seiten 64 bis 69 für 55 Rassen die wichtigen Angaben zusammengestellt, die bei der Haltung (auch als Nutztiere) eine größere Rolle spielen als das Aussehen. Berücksichtigt sind unter anderem Eizahl pro Jahr, Durchschnittsgewicht von Hahn (♂) und Henne (♀), (seltene) Eignung als »Fleischhuhn«, Brutneigung, Flughöhe, Art des Temperamentes.

Interessenten, vor allem angehende Züchter, können sich über das genaue Aussehen der Zwerghuhnrassen samt all ihren Farbschlägen im »Großen Geflügelstandard, Band Zwerghühner« (→ Bücher, die weiterhelfen, Seite 70) informieren.

Zur Wahl stehen »Urzwerge«, also Rassen, die stets Zwerge waren, und durch züchterische Bemühungen »Verzwergte Großrassen«, eine Bezeichnung, die sich selbst erklärt. Die große Zahl ist aus dem sehr variablen Erbmaterial der Kammhühner (→ Seite 50) zu erklären. Alle Angaben stammen von erfahrenen Züchtern, die sich speziell mit einer Rasse befassen und sie in Einzelheiten kennen. Abweichungen hängen mit der Variationsbreite alles Lebendigen zusammen.

Fast alle Rassen gibt es in verschiedenen offiziell zugelassenen Farbschlägen (Farben, Farbkombinationen und Zeichnungen auf dem Gefieder), und es entstehen immer noch neue.

Viele Rassen werden nicht nur auf bestimmte Formen und Farben oder auf zutrauliches Wesen gezüchtet, sondern auch auf Wirtschaftlichkeit: Frühreife und Eizahl. Besonders schwierig zu züchtende Farbschläge einer Rasse legen manchmal weniger als andere, weil es schwer ist, alle Zuchtziele miteinander zu verbinden.

Das Brutei-Mindestgewicht ist ein Hinweis fürs Brüten – leichtere Eier bringen zu kleine, meist nicht lebensfähige Küken –, es sagt aber auch etwas über das Durchschnittsgewicht der Eier aus.

Bei brütenden Hennen fallen während Brut und Aufzucht von Küken 10 bis 12 Wochen fürs Eierlegen aus, beim »leeren« Brüten (→ Seite 36) zwischen 2 und 4 Wochen. Viele Züchter lassen die Eier heute nur noch künstlich bebrüten (→ Künstliche Brut, Seite 39) und bevorzugen Eier von Hennen ohne Brutlust. So bekommen sie mehr Eier und können innerhalb kurzer Zeit mehr Jungtiere heranziehen, als es bei Naturbrut möglich ist (→ Seite 39). Sie haben dann, vorausgesetzt, daß frühzeitig befruchtete Eier zur Verfügung stehen (→ Seite 37) genügend voll entwickelte Zwerghühner für die großen Ausstellungen von Oktober bis Januar. Hier können die besten der eigenen Tiere mit denen anderer Züchter verglichen werden, hier gibt es Ehrenpreise für besondere Schönheiten, die genau dem Standard entsprechen.

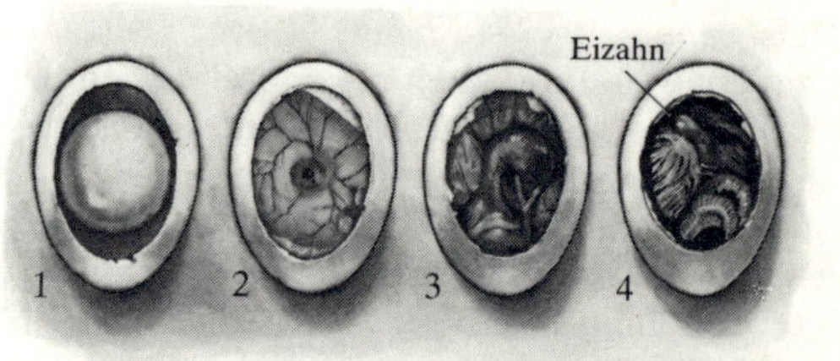

Entwicklung des Küken im Ei: 1 Erster Tag (Ei ist noch unbebrütet), 2 Sechster Bruttag, 3 Dreizehnter Bruttag, 4 Zwanzigster Bruttag (Küken kurz vor dem Schlupf).

Als Folge dauernder Kunstbrut ist in solchen Hühnerbeständen bald kein Bruttrieb mehr vorhanden, selbst wenn die Rasse »eigentlich« gut brütet und führt (die Jungen aufzieht). Wenn Sie Wert auf Naturbrut legen, erkundigen Sie sich vor dem Kauf, wie es in dieser Zucht, bei diesem Züchter, damit aussieht. Allerdings können Sie zu nichtbrütenden Zwerghühnern einen kleinen Stamm sicherer Brüter halten, die sich als »Ammen« eignen: Zwerg-Cochin, Seidenhühner und Chabo. Dafür brauchen Sie aber entsprechend Platz, weil es ohne getrennte Unterbringung der Alttiere oft Streit gibt.
Im ersten Lebensjahr fliegen Hühner häufiger und etwas höher als später. Danach gibt es Flüge über die angegebenen Höhen (→ Seite 66) hinaus in der Regel nur bei zu engem Auslauf oder plötzlichem Erschrecken. Einige Rassen bleiben gute und begeisterte Flieger. Wenn sie in geräumigem, hohem (3 m), oben mit Maschendraht gesichertem Auslauf (Voliere) gehalten werden, gibt es keinen Ärger. Für die Flächengröße gilt das auf Seite 16 Gesagte.
Kurzbeinige Chabos und Rassen mit stark befiederten Füßen zerscharren dicht bewachsene Flächen (Rasennarbe) nicht, weil die »Latschen« (Fußfedern) sie behindern. Alle anderen schaffen das leichter. Scharren gehört zum instinktiven Futtersuchverhalten, das nicht »abgewöhnt« werden kann.
Die Hinweise in den Kurzbeschreibungen der Rassen auf Seite 66 »Hähne nicht aggressiv« oder »nicht scheu«, gelten nur, wenn die Tiere stets ruhig und freundlich behandelt werden. Ruhig auch, wenn man sie einmal vom Gemüsebeet komplimentieren muß! Aufgeregtes und zorniges Verhalten überträgt sich.
Über das Krähen der einzelnen Rassen – unterschiedlich nach Modulierung, Lautstärke und Häufigkeit – lassen sich keine genauen Angaben machen, so interessant es wäre. Es hängt eben auch vom Einzeltier ab – und ist nicht zu beschreiben. *Ein* Hahn freilich dürfte keinen Menschen mit normalem Gehör stören! So laut kann auch der lauteste nicht sein.

Töten und Schlachten eines Huhns

Schwerkranke, sehr alte, hinfällige Zwerghühner, aber auch mißgebildete Küken können Sie vom Tierarzt durch eine Spritze schmerzlos töten lassen. Zahme Tiere sollten Sie dabei halten und beruhigend zu ihnen sprechen, um ihnen unnötige Angst zu ersparen.
Überzählige Zwerghühner, meist werden es junge Hähne sein (Schlupfergebnisse in der Regel Hähne zu Hennen gleich 1:1!), müssen Sie selbst schlachten oder schlachten lassen, genau wie Tiere, die gegessen werden sollen. Nach dem Tierschutzgesetz ist Betäubung vorgeschrieben; in diesem Fall durch einen festen Schlag mit einem harten Gegenstand (Holzscheit) auf den Kopf. Erst danach dürfen Sie die Gurgel durchschneiden und den Körper ausbluten lassen.
Wenn Sie die Tiere verwerten wollen und auf die Haut keinen Wert legen, ziehen Sie ihnen die Haut ab, solange die Körper noch warm sind – dadurch wird Rupfen unnötig. Zum Schluß muß der Bauch aufgeschnitten werden, damit man die Innereien herausnehmen kann. Nur Herz, Leber und Magen sind zu verwenden. Das Innere des künftigen Bratens wird mit kaltem Wasser ausgewaschen und das Fleisch dann einen Tag abgehängt, bevor man es bratfertig macht, kocht oder einfriert.

55 Zwerghuhnrassen in Zahlen und Fakten

Rasse	Anzahl der Farbschläge	Durchschnittsgewicht in Gramm ♂	♀	Entwicklungsdauer in Monaten ♂	♀	Erstes Ei nach (Monaten)	Brutei-Mindestgewicht in Gramm	Schalenfarbe/ Eizahl pro Jahr
Urzwerge								
Antwerpener Bartzwerge	10	650	550	5–6	5–6	5–6	25	weiß-creme/80–120
Bantam	10	600	500	8	6	5–6	25	weiß/80–100
Bassetten	2	1100	900	6–7	6–7	7	40	weiß/180–200
Chabo	13	600	500	6	5	5	28	gelb-creme, weiß/80–100
Zwerg-Cochin	15	850	750	10	6–7	6–8	30	beige-braun/100–200
Deutsche Zwerghühner	13	700	600	7–8	5–6	7–10	30	weiß, creme, hellbraun/60–150
Federfüßige Zwerghühner	14	700	600	6	6	6	35	weiß bis bräunlich/etwa 150
Holländische Zwerghühner	10	750	550	6	6	6	30	weißlich/etwa 120
Ruhlaer Zwergkauler	19	900	700	9	9	9–10	40	weiß/150
Sebright	2	600	500	6	5	5–6	30	weiß-creme/60–80
Seidenhühner	5	1000	800	5½	5	5–5½	35	bräunlich/90–120
Verzwergte Großrassen								
Zwerg-Altsteirer	1	900	800	6	5	5	35	rahmfarbig/160
Zwerg-Amrocks	1	1000	900	5	4½	5	40	bräunlichgelb/mindestens 200
Zwerg-Andalusier	1	900	800	5	4	5	42	weiß/120
Zwerg-Araucana	3	800	600	9	8	6	30	türkisblau/150–180
Zwerg-Australorps	2	1000	800	5–6	4–5	5	38	hellbraun/130–140
Zwerg-Barnevelder	3	1000	900	5	5	5	40	braun/120, oft über 200
Zwerg-Brabanter	9	1000	800	8–9	8–9	9	40	weiß/150
Zwerg-Brahma	3	1100	1000	8	7	7–8	35	hellbraun/190
Zwerg-Brakelhuhn	2	900	800	5½	5½	5	35	weiß/180–200
Zwerg-Dresdener	3	1000	900	6	5	5	40	gelblich/200
Zwerg-Hamburger	3	1000	800	6	6	6	40	weiß/130
Zwerg-Holländer-Weißhauben	5	900	800	7	6	6	40	weiß/100–140
Zwerg-Italiener	15	1000	900	6	5	5–6	35	weiß/140
Zwerg-Jokohama	2	800	700	12	5–6	8–10	30	gelblich/40–120
Altenglische Zwergkämpfer	20	800	700	5	4	4	30	weiß-gelblichbraun/60–80
Belgische Zwergkämpfer	3	1200	1000	5	4–5	4–5	35	hellbraun/80–100

55 Zwerghuhnrassen in Zahlen und Fakten

Rasse	Anzahl der Farbschläge	Durchschnittsgewicht in Gramm ♂	♀	Entwicklungsdauer in Monaten ♂	♀	Erstes Ei nach (Monaten)	Brutei-Mindestgewicht in Gramm	Schalenfarbe/ Eizahl pro Jahr
Indische Zwergkämpfer	3	1100	900	5	5	5	35	gelblichbraun, braun/60–80
Moderne englische Zwergkämpfer	14	600	500	5	4	5	25	weiß-gelblichbraun/50–70
Zwerg-Kastilianer	1	800	700	5	5	5	35	weiß-gelblich/etwa 130
Zwerg-Kraienköppe	2	850	750	7	6	5–6	35	gelblich/120–140
Lachshühner	2	1000	900	5	4½	4½	38	hellgelb-braun/160–190
Zwerg-La Flèche	1	1400	1200	10	10	10	42	weiß/200
Zwerg-Lakenfelder	1	800	700	6	6	6½	30	weiß-gelblich/160
Zwerg-Langschan	7	1000	900	8	7	6	35	bräunlich/etwa 160
Zwerg-Leghorn	1	800	700	6–7	5–6	5–6	35	weiß/130–180
Zwerg-Minorka	2	900	800	5–6	5	5	35	weiß/über 150
Ostfriesische Zwerg-Möven	2	800	700	6	5–5½	5	35	weiß/120–140
Zwerg-Nackthalshühner	7	800	700	5	4	6	30	weiß/100–120
Zwerg-New Hampshire	2	1100	800	5	4–5	4–5	40	braun/etwa 180
Zwerg-Niederrheinhühner	3	1000	900	5	4½	4½	40	gelb-hellbraun/200
Zwerg-Orloff	3	1000	800	7	6	6	35	rohweiß bis bräunlich/120–150
Zwerg-Orpington	7	1000	900	8	6	4–5	35	hellbeige/160–180
Zwerg-Paduaner	7	900	800	7	6	6	35	weiß/90–110
Zwerg-Phönix	5	800	700	10	8	6–7	25	weiß/80–100
Zwerg-Plymouth Rocks	5	1000	800	7	6	5½	40	gelblich/160
Deutsche Zwerg-Reichshühner	7	1000	800	6½	5½	5½	40	gelblich/140–150
Zwerg-Rheinländer	5	1000	900	6	5½	6	40	weiß/150–180
Zwerg-Rhodeländer	1	1000	800	6½	5½	5–6	40	hellbraun/180
Deutsches Zwerg-Sperberhuhn	1	900	800	6	5	4½	40	weiß/180
Zwerg-Sulmtaler	1	1000	800	6	5	4–5	35	creme/140–160
Zwerg-Sussex	4	1300	1000	6	5	5–6	40	hellgelb-braun/150–180
Thüringer Bartzwerghühner	8	800	700	6	6	6	30	weiß/140–160
Zwerg-Welsumer	2	1000	900	5	4½	5	45	rötlichbraun/180
Zwerg-Wyandotten	18	1000	800	6	5	5	40	bräunlich/100–180

Ansprüche und Eigenschaften bei Brut und Haltung

Urzwerge

Antwerpener Bartzwerge
Farbfoto Seite 27
Brut und Aufzucht: Zuverlässig, aber nicht bei allen Farbschlägen. Kunstbrut möglich. Bessere Ergebnisse bei Naturbrut. *Flughöhe:* Etwa 2 m, in Wohngebieten geschlossene Voliere ratsam. *Temperament:* Lebhaft, zutraulich; Hähne manchmal angriffslustig.

Bantam
Brut und Aufzucht: Nicht sehr zuverlässig, Kunstbrut üblich und oft nötig. *Flughöhe:* 2–3 m, in Wohngebieten geschlossene Voliere ratsam. *Temperament:* Lebhaft; manche Hähne angriffslustig.

Bassetten
Brut und Aufzucht: Zuverlässig mit guten Ergebnissen. *Flughöhe:* Über 3 m, in Wohngebieten geschlossene Voliere ratsam. *Temperament:* Munter und lebhaft, ohne Angriffslust der Hähne. *Besonderheit:* Gute Winterleger.

Chabo
Farbfoto Seite 27
Brut und Aufzucht: Zuverlässig, auch Kunstbrut möglich. Wegen vorhandener Letalfaktoren bei reinerbig Kurzbeinigen und reinerbig Lockenfiedrigen kommt es zu Ausfällen bei den Küken vor dem Schlupf oder in der Woche danach. *Flughöhe:* Glattfiedrige 3–4 m, in Wohngebieten in geschlossenen Volieren halten. Seiden- und Lockenfiedrige nur etwa 50 cm. *Temperament:* Munter und zutraulich ohne Angriffslust. *Besonderheit:* Zerscharren wegen der kurzen Beine keine bewachsenen Flächen.

Zwerg-Cochin
Farbfotos Seite 56 und Umschlagseite 3
Brut und Aufzucht: Sehr zuverlässig, brüten auch andere Zwerghuhneier und Fasaneneier, gute »Ammen«, Kunstbrut möglich. *Flughöhe:* 80–100 cm. *Temperament:* Ruhig, ohne langweilig zu sein, zutraulich; Hähne ohne Angriffslust. *Besonderheiten:* Die starke Fußbefiederung (Latschen) macht besonders saubere Ställe und trockenen Auslauf nötig. Kein Zerscharren bewachsener Flächen.

Deutsche Zwerghühner
Farbfoto Seite 27
Brut und Aufzucht: Zuverlässig, auch Kunstbrut möglich. *Flughöhe:* Bis 8 m, in Wohngebieten geschlossene Voliere ratsam. *Temperament:* Sehr lebhaft und beweglich, Hähne leicht angriffslustig.

Federfüßige Zwerghühner
Farbfotos Umschlagvorderseite, Seiten 9 und 27
Brut und Aufzucht: Nicht viele Bruthennen, diese aber zuverlässig; Kunstbrut möglich. *Flughöhe:* 2 m, bei genügendem Auslauf reicht 2 m hoher Zaun. *Temperament:* Lebhaft, Hähne manchmal angriffslustig, aber unbeholfen wegen Fußbefiederung.

Holländische Zwerghühner
Farbfoto Seite 56
Brut und Aufzucht: Zuverlässig. *Flughöhe:* Unbegrenzt, in Wohngebieten geschlossene Voliere anzuraten. *Temperament:* Sehr lebhaft, Hähne greifen leicht einmal an, auch bei ruhiger Behandlung.

Ruhlaer Zwergkauler
Farbfoto Seite 27
Brut und Aufzucht: Zuverlässig. Durch den an reinerbige Schwanzlosigkeit gebundenen Letalfaktor kommt es zu Ausfällen bei den Küken. *Flughöhe:* 3 m, in Wohngebieten geschlossene Voliere ratsam. *Temperament:* Lebhaft, Hähne greifen leicht einmal an. *Besonderheit:* Winterleger.

Sebright
Farbfoto Umschlagrückseite
Brut und Aufzucht: Nicht zuverlässig, Kunstbrut üblich. *Flughöhe:* 2–5 m, in Wohngebieten geschlossene Voliere ratsam. *Temperament:* Sehr lebhaft, angriffslustige Hähne kommen vor.

Seidenhühner
Farbfoto Seite 45
Brut und Aufzucht: Sehr zuverlässig, als »Ammen« für nichtbrütende Zwerghuhnrassen und Fasane geeignet. Kunstbrut möglich. *Flughöhe:* Höchstens 1 m. *Temperament:* Ruhig, sehr zahm; Hähne normalerweise nicht aggressiv.

Verzwergte Großrassen

Zwerg-Altsteirer
Brut und Aufzucht: Wenig Brutbetrieb. Kunstbrut üblich. *Flughöhe:* 1,50 m, Zaun sollte 2 m hoch sein. *Temperament:* friedlich. *Besonderheiten:* Winterleger, »Fleischhuhn«.

Zwerg-Amrocks
Farbfotos Seite 10 und Umschlagrückseite
Brut und Aufzucht: Kaum Bruttrieb, Kunstbrut üblich. *Flughöhe:* Etwa 1 m, Zaun von 1,50 m genügt. *Temperament:* Ruhig, bei guter Behandlung zahm und ohne Angriffslust.

Zwerg-Andalusier
Brut und Aufzucht: Kaum Bruttrieb, führen trotzdem Küken gut; Kunstbrut üblich. Das Andalusierblau, taubenblau mit schwarzer Umrandung jeder Feder, spaltet auf in 50% blau, 25% schwarz, 25% weiß, so daß nur die Hälfte der Küken »echt« wird. *Flughöhe:* 1,50 m, 2 m hoher Zaun genügt. *Temperament:* Sehr lebhaft und temperamentvoll, Hähne werden schon einmal »frech«.

Zwerg-Araucana
Farbfoto Seite 45
Brut und Aufzucht: Nicht alle Hennen brüten, Kunstbrut möglich. Durch die mit reinerbiger Lokkenfiedrigkeit und Schwanzlosigkeit verbundenen Letalfaktoren gibt es Ausfälle. *Flughöhe:* Beliebig, in Wohngebieten geschlossene Voliere ratsam, in der es Möglichkeiten zum Ausbaumen gibt. *Temperament:* Bei ruhiger, freundlicher Behandlung zahm, sonst und bei Erschrecken auch einmal aggressiv. *Besonderheit:* Winterleger.

Zwerg-Australorps
Brut und Aufzucht: Zuverlässige Glucken, Kunstbrut möglich. *Flughöhe:* 1 m, Zaun von 1,20 m genügt. *Temperament:* Lebhaft und zutraulich, weniger aggressive als »verspielte« Hähne (Scheinangriffe).

Zwerg-Barnevelder
Brut und Aufzucht: Wenig brütige Hennen, die aber zuverlässig sind; Kunstbrut möglich. *Flughöhe:* Gut 1 m, Zaun von 1,50 m genügt. *Temperament:* Ruhig, zutraulich, Hähne nicht aggressiv.

Zwerg-Brabanter
Farbfoto Seite 46
Brut und Aufzucht: Kaum und dann wenig zuverlässig; Kunstbrut üblich. *Flughöhe:* 3 m, in Wohngebieten geschlossene Voliere ratsam. *Temperament:* Lebhaft, werden bei richtiger Behandlung zutraulich, Hähne trotzdem manchmal aggressiv. *Besonderheit:* In der Haube setzt sich leicht Ungeziefer fest, wenn der Halter nicht achtsam ist, die Tiere sauber hält und pflegt (kämmt).

Zwerg-Brahma
Farbfoto Seite 10
Brut und Aufzucht: Zuverlässig, Kunstbrut wenig üblich. *Flughöhe:* Gering, Zaun von 1,20 m genügt. *Temperament:* Ruhig, bei guter ruhiger Behandlung keine Angriffslust der Hähne. *Besonderheiten:* Die starke Fußbefiederung (Latschen) macht besonders saubere Ställe und trockenen Auslauf nötig; »Fleischhuhn«.

Zwerg-Brakelhuhn
Brut und Aufzucht: Kaum Bruttrieb, Kunstbrut üblich. *Flughöhe:* 3 m und höher, hohe mit Maschendraht überdachte Voliere nötig. *Temperament:* Ruhig, Hähne nicht angriffslustig.

Zwerg-Dresdener
Brut und Aufzucht: Es gibt kaum Glucken, Kunstbrut üblich. *Flughöhe:* 2 m, Zaun von 2,5 m genügt. *Temperament:* Sehr lebhaft und temperamentvoll, einzelne Hähne können aggressiv werden.

Zwerg-Hamburger
Brut und Aufzucht: Mäßig, meist Kunstbrut. *Flughöhe:* 3 m, in Wohngebieten geschlossene Voliere ratsam. *Temperament:* Lebhaft und zutraulich, bei guter, ruhiger Behandlung ohne Angriffslust.

Zwerg-Holländer-Weißhauben
Farbfotos Seiten 9, 27, 28 und Umschlagrückseite
Brut und Aufzucht: Kunstbrut üblich und nötig, Küken sind zu Anfang besonders durch Erkältungen gefährdet, erste Haubenfedern werden deshalb gekürzt. Trockener geschützter Auslauf besonders wichtig. *Flughöhe:* 1 m knapp, Zaun von gut 1 m genügt. *Besonderheit:* Die Hauben immer wieder auf Ungeziefer nachsehen und kämmen. Bei Befall sofort mit Mitteln vom Tierarzt bekämpfen.

Zwerg-Italiener
Farbfoto Seite 10
Brut und Aufzucht: Keine Naturbrut, Kunstbrut üblich und nötig. *Flughöhe:* 2–3 m, in Wohngebieten geschlossene Volieren ratsam. *Temperament:* Lebhaft, etwas schreckhaft, bei aufgeregter oder unfreundlicher Behandlung scheu.

Zwerg-Jokohama
Farbfoto Seite 28
Brut und Aufzucht: Sehr zuverlässig. *Flughöhe:* Nicht über 1 m. *Temperament:* Haben Kämpfereinschlag, manche Hähne sind gelegentlich angriffslustig. Alle Kämpferhühner sind muskulös und drahtig, mit straff anliegenden »harten« Federn; aggressiv gegen Artgenossen.

Altenglische Zwergkämpfer
Brut und Aufzucht: Zuverlässig, Kunstbrut möglich, Ergebnisse bei Naturbrut besser. *Flughöhe:* Bis 3 m, in Wohngebieten geschlossene Voliere ratsam. *Temperament:* Bei guter ruhiger Behandlung und Beschäftigung mit den Tieren kaum aggressive, eher kecke, spielerisch-herausfordernde Hähne.

Belgische Zwergkämpfer
Brut und Aufzucht: Zuverlässig, Kunstbrut möglich. *Flughöhe:* Knapp 2 m, Zaun von 2 m genügt. *Temperament:* Trotz typischer Kämpfereigenschaften bei ruhiger Behandlung gegen den vertrauten Pfleger nicht aggressiv.

Indische Zwergkämpfer
Brut und Aufzucht: Sehr zuverlässig, Kunstbrut möglich. *Flughöhe:* Gering, 1 m hoher Zaun genügt. *Temperament:* Sehr lebhaft; einzelne Hähne werden gegen den Pfleger aggressiv.

Moderne englische Zwergkämpfer
Farbfoto Seite 45
Brut und Aufzucht: Zuverlässig, Kunstbrut möglich. *Flughöhe:* 2–3 m, in Wohngebieten geschlossene Voliere ratsam. *Besonderheit:* Brauchen unbedingt einen temperierten Stall (möglichst 12–15° C).

Zwerg-Kastilianer
Brut und Aufzucht: Keine guten Glucken, Kunstbrut notwendig. *Flughöhe:* Haushoch, nur Haltung in geschlossener Voliere. *Temperament:* Sehr lebhaft, Hähne gelegentlich aggressiv gegen Menschen.

Zwerg-Kraienköppe
Farbfoto Seite 46
Brut und Aufzucht: Meist zuverlässig, Kunstbrut möglich. *Flughöhe:* Etwa 3 m, in Wohngebieten geschlossene Voliere ratsam. *Temperament:* Durch den Kämpfereinschlag lebhaft, werden aber zutraulich. Einzelne Hähne gelegentlich aggressiv.

Zwerg-Lachshühner
Farbfoto Seite 10
Brut und Aufzucht: Nicht zuverlässig, Kunstbrut ratsam. *Flughöhe:* 1 m, Zaun von 1,50 m genügt. *Temperament:* Bei ruhiger Behandlung keine Angriffslust. *Besonderheiten:* Hähnchen an dunklen Schwingen- und Schulterfedern früh zu erkennen; »Fleischhuhn«.

Zwerg-La Flèche
Farbfoto Seite 45
Brut und Aufzucht: Keine Bruthennen, Kunstbrut nötig. *Flughöhe:* 3 m, in Wohngebieten geschlossene Voliere ratsam. *Temperament:* Keine angriffslustigen Hähne. *Besonderheiten:* Zwei rote Hörnchen statt des Kamms; kleinen Federschopf öfter auf Ungeziefer kontrollieren; Winterleger.

Zwerg-Lakenfelder
Brut und Aufzucht: Keine Bruthennen, Kunstbrut nötig. *Flughöhe:* Fast beliebig, geschlossene Voliere ratsam. *Temperament:* Ruhig, Hähne sind nicht aggressiv, aber scheu.

Zwerg-Langschan
Brut und Aufzucht: Zuverlässig, keine Kunstbrut. *Flughöhe:* Gering, Zaun von 1 m genügt. *Temperament:* Ruhig, Hähne ohne Angriffslust.

Zwerg-Leghorn
Farbfoto Seite 46
Brut und Aufzucht: Keine Bruthennen, Kunstbrut nötig. *Flughöhe:* Über 1,50 m, Zaun von 2 m genügt. *Temperament:* Lebhaft, etwas schreckhaft, Hähne nicht aggressiv, aber scheu.

Zwerg-Minorka
Brut und Aufzucht: Nicht zuverlässig, Kunstbrut nötig. *Flughöhe:* Beliebig, oben geschlossene Voliere ratsam. *Temperament:* Lebhaft, aber bei ruhiger, freundlicher Behandlung keine aggressiven Hähne.

Zwerghühner als Nutztiere

Ostfriesische Zwerg-Möven
Farbfoto Seite 10
Brut und Aufzucht: Zuverlässig, Kunstbrut möglich. *Flughöhe:* Über 3 m, in Wohngebieten geschlossene Voliere ratsam. *Temperament:* Lebhaft, aber friedlich, auch Hähne. *Besonderheit:* Goldhalsige etwas kleiner und schwächer als Silberhalsige.

Zwerg-Nackthalshühner
Brut und Aufzucht: Keine Bruthennen, Kunstbrut nötig. *Flughöhe:* Beliebig, geschlossene Voliere ratsam. *Temperament:* Lebhaft, Hähne nicht aggressiv.

Zwerg-New Hampshire
Farbfoto Seite 10
Brut und Aufzucht: Nur teilweise zuverlässig, Kunstbrut üblich. *Flughöhe:* Nicht über 2 m. *Temperament:* Ruhig und zutraulich, Hähne vertragen sich, aneinander gewöhnt, auch mit anderen Hähnen, nicht aggressiv gegen Menschen.

Zwerg-Niederrheinhühner
Brut und Aufzucht: Selten Bruthennen, Kunstbrut üblich. *Flughöhe:* 2 m, in Wohngebieten geschlossene Voliere. *Temperament:* Hähne nicht aggressiv. *Besonderheit:* »Fleischhuhn«.

Zwerg-Orloff
Brut und Aufzucht: Bruthennen kommen vor, Kunstbrut häufig. *Flughöhe:* Mäßig, Zaun von 1,50–1,80 m genügt. *Temperament:* Lebhaft, deutlicher Kämpfereinschlag, gegen Menschen selten aggressiv.

Zwerg-Orpington
Farbfoto Seite 45
Brut und Aufzucht: Zuverlässig, Kunstbrut möglich. *Flughöhe:* 50–60 cm, Zaun von 1 m genügt. *Temperament:* Ruhig und zutraulich, nicht aggressiv, aber munter. *Besonderheiten:* Winterleger, »Fleischhuhn«.

Zwerg-Paduaner
Farbfotos Seiten 55 und 56
Brut und Aufzucht: Keine Naturbrut, Kunstbrut nötig. Ausfälle durch Letalfaktor bei reinerbig aufgetriebenen Nasenlöchern. *Flughöhe:* Bis 2 m, gut 2 m hoher Zaun genügt. *Temperament:* Bei ruhiger Behandlung keine aggressiven Hähne. *Besonderheit:* Kämmen der Haube und häufige Kontrolle auf Ungeziefer nötig.

Zwerg-Phönix
Farbfoto Seite 46
Brut und Aufzucht: Sehr zuverlässig, Kunstbrut höchstens bei Winterbruten. *Flughöhe:* 3 m, geschlossene Voliere ratsam. *Temperament:* Lebhaft, etwas schreckhaft; bei ruhiger, freundlicher Behandlung zutraulich, Hähne selten aggressiv; Kämpfereinschlag. *Besonderheit:* Müssen des prächtigen langen Schwanzes wegen in sehr sauberen Ställen/Ausläufen gehalten werden.

Zwerg-Plymouth Rocks
Brut und Aufzucht: Selten, aber dann zuverlässig; Kunstbrut üblich. *Flughöhe:* Fliegen kaum; Zaun von 1,50 m genügt. *Temperament:* Munter und friedlich, bei freundlicher Behandlung sehr zutraulich, Hähne nicht aggressiv.

Deutsche Zwerg-Reichshühner
Farbfoto Seite 45
Brut und Aufzucht: Zuverlässig, Kunstbrut möglich. *Flughöhe:* 1,20 m, Zaun von 1,40 m genügt. *Temperament:* Hähne weder scheu noch aggressiv.

Zwerg-Rheinländer
Brut und Aufzucht: Keine Bruthennen, Kunstbrut nötig. *Flughöhe:* 1,20 m, Zaun von 1,50 m genügt. *Temperament:* Auch Hähne bei richtiger Behandlung zahm, sonst scheu, nicht aggressiv.

Zwerg-Rhodeländer
Brut und Aufzucht: Zuverlässig, Kunstbrut möglich. *Flughöhe:* Kaum über 1 m, Zaun von 1,50 m genügt. *Temperament:* Ruhig und zutraulich, kein Hahn aggressiv.

Deutsches Zwerg-Sperberhuhn
Brut und Aufzucht: Kaum Bruthennen, Kunstbrut nötig. *Flughöhe:* bis 3 oder 4 m, geschlossene Voliere ratsam. *Temperament:* Lebhaft, rasch handzahm, Hähne nicht aggressiv.

Zwerg-Sulmtaler
Farbfoto Umschlagrückseite
Brut und Aufzucht: Selten, dann aber zuverlässig; Kunstbrut üblich. *Flughöhe:* 2 m, Zaun von 2,20 m genügt. *Temperament:* Hühner sehr zutraulich, Hähne nicht aggressiv.

Zwerg-Sussex
Farbfoto Seite 46
Brut und Aufzucht: Zuverlässig, Kunstbrut möglich.
Flughöhe: Unter 1,50 m, Zaun von 1,50 m genügt.
Temperament: Hähne nicht aggressiv.

Thüringer Bartzwerghühner
Brut und Aufzucht: Zuverlässig, aber wenig Bruthennen; Kunstbrut möglich und üblich. *Flughöhe:* Beliebig, oben geschlossener Auslauf ratsam. *Temperament:* Zutraulich und lebhaft, Hähne nicht aggressiv.

Zwerg-Welsumer
Brut und Aufzucht: Wenig Bruthennen, die aber zuverlässig sind; Kunstbrut möglich, auch üblich. *Flughöhe:* Nicht über 1,70 m, Zaun von 1,80 m genügt. *Temperament:* Hähne nicht aggressiv, trotz aller Lebhaftigkeit. *Besonderheit:* »Fleischhuhn«.

Zwerg-Wyandotten
Farbfoto Seite 46
Brut und Aufzucht: Zuverlässig, Kunstbrut möglich.
Flughöhe: Nicht besonders hoch, Zaun von 1,20 m genügt. *Temperament:* Ruhig, Hähne nicht aggressiv.

Bücher und Adressen, die weiterhelfen

Bücher

Brandsch, H. u. a.: *Geflügelzucht.* VEB Deutscher Landwirtschaftsverlag, DDR-Berlin 1979
Gleichlauf, R.: *Züchtungs- und Vererbungslehre für Geflügelzüchter.* Verlag Jürgens KG, Germering
Der große Geflügelstandard; Band 2 – Zwerghuhnrassen. Verlagshaus Oertel + Spörer, Reutlingen
Münter, W.: Geflügelställe. Albrecht Philler Verlag, Minden
Nickel, R.; Schummer, A.; Seiferle, E.: *Lehrbuch der Anatomie der Haustiere;* Band V – Anatomie der Hausvögel. Verlag Paul Parey, Berlin, Hamburg 1973
Palleske, W.: *Die natürliche und künstliche Brut und Aufzucht unserer Hühner.* Verlagshaus Oertel + Spörer, Reutlingen
Schmidt, H.: *Die Rassen unserer Zwerghühner.* Albrecht Philler Verlag, Minden
Siegmann, O.: *Kompendium der Geflügelkrankheiten.* 4. neubearbeitete Auflage, Verlag M. & H. Schaper, Hannover 1983
Sorembe, J.: *Geflügelställe selbst gebaut.* Verlagshaus Oertel + Spörer, Reutlingen
Sperl, T.: *Hühnerzucht für jedermann.* Verlagshaus Oertel + Spörer, Reutlingen

Zeitschriften

Deutscher Kleintierzüchter. Ausgabe Geflügel oder Gemischte Ausgabe (Geflügel und Kaninchen), Verlagshaus Oertel + Spörer, Postfach 35, 7410 Reutlingen
Geflügel-Börse. Verlag Jürgens KG, Postfach 1529, 8034 Germering

Lieferfirmen für Hühnerställe und Zubehör

Hühnerställe und Geräte für die Geflügelhaltung gibt es nicht im Zoofachhandel. Manches führen Landwirtschaftliche Lagerhäuser, aber bei weitem nicht alles. Die angegebenen Adressen sind eine kleine Auswahl aus einem größeren Angebot.
Fertige Hühnerställe, solide gearbeitet, in Fertigteilen geliefert zum Zusammenbauen nach Anleitung bekommen Sie meines Wissens in der BRD nur bei »Groos-Fertigbau«. Sie können den Katalog mit verschiedenen Modellen anfordern, Ihre Platzmöglichkeiten samt Hühnerzahl angeben oder etwas nach von Ihnen erstellten Plänen anfertigen lassen.
Adresse: Heinrich Groos, Boxberger Straße 33, Postfach 1307, 6990 Bad Mergentheim
Futtergefäße, Tränken, Tränkewärmer, Schierleuchten, Thermometer und Brutapparate gibt es bei:
Heinrich Groos, Boxberger Straße 33, Postfach 1307, 6990 Bad Mergentheim
Hans Matold, Rother Straße 21, 8541 Büchenbach
Sollfrank, Schießplatzstraße 40, 8500 Nürnberg 50
W. Tegeler, Beleuchtungstechnik GmbH, Waldfriedenstraße 14, 4992 Espelkamp-Frotheim

Arten- und Sachregister

Halbfett gesetzte Seitenzahlen verweisen auf Farbfotos.

Arten- und Sachregister